Le choix du meilleur urinoir

数学也荒唐

20个脑洞大开的数学趣题

[法] 杰罗姆·科唐索 著　王烈 译

人民邮电出版社

北京

图书在版编目（CIP）数据

数学也荒唐：20个脑洞大开的数学趣题 /（法）杰罗姆·科唐索著；王烈译. --北京：人民邮电出版社，2017.8

（图灵新知）

ISBN 978-7-115-46548-1

Ⅰ.①数… Ⅱ.①杰…②王… Ⅲ.①数学–普及读物 Ⅳ.①O1-49

中国版本图书馆CIP数据核字（2017）第181429号

内 容 提 要

本书用20个数学趣题，探讨了代数、概率、统计、群、几何、拓扑等丰富多样的数学话题，以独特的分析角度和幽默风趣的语言，在日常生活中寻找意想不到的数学知识。

◆ 著　　　　　[法] 杰罗姆·科唐索

译　　　　　王　烈

责任编辑　戴　童

◆ 人民邮电出版社出版发行　　北京市丰台区成寿寺路11号

邮编　100164　电子邮件　315@ptpress.com.cn

网址　https://www.ptpress.com.cn

三河市君旺印务有限公司印刷

◆ 开本：880×1230　1/32

印张：6　　　　　　　　　　2017年8月第1版

字数：150千字　　　　　　　2025年5月河北第16次印刷

著作权合同登记号　图字：01-2017-2584号

定价：49.00元

读者服务热线：(010)84084456-6009　印装质量热线：(010)81055316

反盗版热线：(010)81055315

版 权 声 明

前 言

数学有什么用？

从事数学工作的人总被问起：数学有什么用？不管是学者、教授、学生还是普通的爱好者，总得为自己喜欢数学找个理由。有些人问得还算坦诚，比如："代数是用来做什么的？"或者："统计还有点用处，但我真不知道函数能有什么用。"有些人则略带嘲讽："我真搞不懂数学，这玩意儿什么用也没有。"或者："现在都有计算器了，还研究个什么劲儿啊？"这些话确实有些恼人，那该如何回答呢？

我们大致可以从两方面反驳"数学无用论"。一方面，可以说说数学的实际用途：比如，数论①就是加密的基础，没有加密，银行交易就会十分不安全，而代数②和逻辑则是信息科学不可分割的一部分；金融中要用到概率，生物学家也要用概率来分析生物可能的进化过程；有了图论，全球定位系统（GPS）才能找出道路网络上两点之间的最短路线；更不用说分析学③和物理学之间的紧密关系了。

另一方面，我们可以让人感受一下"数学之美"。这里不是要说"自相似"的分形几何之美，如宝塔花菜的奇妙外形或布列塔尼蜿蜒曲折的海岸线，也不是为人津津乐道的黄金比例——传说中，是它造就了古希腊帕特农神庙的完美比例，而且我们的银行卡也是按它制作的。

---

① 数论研究整数的性质及其运算，如质数、平方等。

② 代数可定义为研究数学对象之间变换关系的科学，如几何中的对称就是一种变换关系。

③ 分析学是数学的一个分支，研究函数的性质及其变换，如极限、连续、导数、积分等。

"数学之美"不是视觉上的美，而是数学给人带来的精神愉悦。如果一个公式能把两个相去甚远的领域联系起来，我们就可以称之为"美"。比如，等式 $1 + 1/2^2 + 1/3^2 + 1/4^2 + \cdots = \pi^2/6$ 把 π 与无穷数列联系了起来。如果一个证明简洁奇妙，另辟蹊径，那也可以说它十分优美。但是，如果对方认定了数学没什么用，那以上这些回答都不能让他满意。制造手机当然需要许多软件和硬件方面的数学知识，但手机用户完全不用懂得那么多。欧拉恒等式在数学家眼里十分优美，因为它把所有数学基本常数囊括在一个公式里，但在普通人看来，这没有什么了不起的。

那些问"数学有什么用"的人，是想让别人用一句话点醒他，为什么会有人对这些抽象的问题乐此不疲，而不管有没有实际意义？数学专业人士或者爱好者能给的答案也只有自己由衷的喜爱之情了，而正是这种喜爱之情，反而能让旁人认同。有人喜欢数学，有人喜欢收集迪士尼小徽章，这在本质上没有什么不同。

现在，让我们试着从第三个角度来回答"数学有什么用"的问题。这本书深入浅出地列举了数学在日常生活中的"具体"应用。但要注意的是，某些对数学家来说很具体的问题，在普通人看来可能并非如此。下面说到的问题包括怎么贴瓷砖、怎么摆煎饼、怎么让民主更民主一些、怎么闭着眼睛赢得法网公开赛，等等。当然，还有最重要的问题：上厕所的时候怎么选择小便器。数学能解决这么多荒唐的趣题，还需要找什么具体应用呢？

目　录

01

早餐代表我的心

"亲爱的，天亮了，今天是 2 月 14 号，我特意为你准备了早餐。不用起床了，就在床上吃。好丰盛的，有刚出炉还冒着热气的羊角面包，有一大杯我刚刚亲手榨的橙汁，有新鲜水果，还有最重要的，一大碗牛奶！"

"你对我太好了，但为什么有牛奶呢？你知道我喝牛奶不消化啊……"

"很简单啊，因为这碗牛奶代表我对你的爱，你看看碗里面有什么……"

* * *

早餐是一天中最重要的一餐。每天早上，我都目光呆滞地盯着麦片盒上的配料表，心里默念这句话，等着没睡够的倦意退去。如果你泡了碗麦片，冲了杯咖啡或者倒了杯果汁，那么，在阳光的照耀下，杯子里面会出现一个类似心形的形状（图 1.1）。

图 1.1　阳光照射下的碗里出现心形（图片来源：© Gérard Janot, CC BY-SA 3.0）

这个心形是怎么来的呢？

答案其实很简单，但先要了解下数学家是如何定义心形的。

画一颗心给你！

有了合适的方程和绘图仪，什么东西都可以画出来。Wolfram[①]公司市场部的编辑理查德·克拉克特别擅于用傅里叶变换写图形方程。有了他的贡献，我们才能把皮卡丘也用方程表示出来（图 1.2a）——

---

① Wolfram Research 是一家美国公司，主攻数学领域，其产品 Mathematica 是一种科学计算软件，其开发的网站 Wolfram|Alpha 是一种计算搜索引擎。

我在这里就不把方程写全了，如果要写全，一页纸都不够。美国一所高中的数学老师 J. 马修·雷吉斯特也是图形方程的好手。2011年，他的学生把他的蝙蝠侠图标方程（图 1.2b）发到了网上，引起了轰动。言归正传，数学爱好者给出了许多心形方程，各有千秋，但数学界"心有独钟"：他们认定用简单方程描绘的"心形线"（图1.2c 和图 1.2d）。

心形线在英语里叫作 cardioid，这个词来自希腊语：kardia 意为"心"，eidos 意为"形"。心形线有许多不同的定义方法，但是异曲同工（图 1.2）。我们可以想象一个圆沿着另一个圆外侧滚动而不滑动，不动的圆叫作"准圆"，动圆上某一点的轨迹称为"外摆线"（epicycloid），这个词也来自希腊语：epi 意为"上"，kuklos 意为"圆"。准圆和动圆的半径相等时，就得到了心形线。如果动圆在准圆内部，而准圆的半径是动圆的 2 倍，也会得到心形线。

18 世纪初，布莱兹·帕斯卡的父亲艾蒂安·帕斯卡在对摆线的研究中提到了这种曲线，虽然言辞含糊，但这是历史上首次出现。其他数学家对这种曲线也是兴致勃勃。1708 年，法国数学家菲利普·德拉意尔证明心形线的长是准圆半径的 16 倍。直到 1741 年，乔瓦尼·达卡斯蒂利奥内才根据形状将其命名为"心形线"。

a)

$$x = -\frac{19}{9}\sin\left(\frac{6}{5}-21\,t\right) - \frac{37}{10}\sin\left(\frac{7}{9}-19\,t\right) - \frac{23}{8}\sin(1-17\,t) - \frac{16}{3}\sin\left(\frac{7}{6}-16\,t\right) - \frac{29}{5}\sin\left(\frac{1}{5}-9\,t\right) - \frac{919}{11}\sin\left(\frac{1}{7}-3\,t\right)$$
$$+ \frac{1573}{6}\sin\left(t+\frac{91}{45}\right) + \frac{214}{5}\sin\left(2\,t+\frac{33}{8}\right) + \frac{421}{14}\sin\left(4\,t+\frac{13}{8}\right) + \frac{61}{6}\sin\left(5\,t+\frac{19}{5}\right) + \frac{401}{16}\sin\left(6\,t+\frac{43}{14}\right) + \frac{511}{51}\sin\left(7\,t+\frac{35}{8}\right)$$
$$+ \frac{144}{7}\sin\left(8\,t+\frac{5}{6}\right) + \frac{137}{10}\sin\left(10\,t+\frac{25}{13}\right) + \frac{18}{7}\sin\left(11\,t+\frac{15}{7}\right) + \frac{17}{9}\sin\left(12\,t+\frac{42}{9}\right) + \frac{9}{7}\sin\left(13\,t+\frac{13}{7}\right) + \frac{29}{7}\sin\left(14\,t+\frac{22}{7}\right)$$
$$+ \frac{25}{8}\sin\left(15\,t+\frac{1}{4}\right) + \frac{12}{5}\sin\left(18\,t+\frac{11}{7}\right) + \frac{14}{5}\sin\left(20\,t+\frac{27}{7}\right) + \frac{13}{8}\sin\left(22\,t+\frac{12}{7}\right) + \frac{7}{6}\sin\left(23\,t+\frac{9}{7}\right) + \frac{26}{11}\sin\left(24\,t+\frac{23}{7}\right) - \frac{1891}{8}$$

$$y = -\frac{1}{3}\sin\left(\frac{1}{20}-18\,t\right) - \frac{7}{5}\sin\left(\frac{7}{9}-17\,t\right) - \frac{18}{11}\sin\left(\frac{2}{5}-14\,t\right) - \frac{24}{7}\sin\left(\frac{1}{13}-9\,t\right) + \frac{2767}{7}\sin\left(t+\frac{11}{3}\right) + \frac{229}{7}\sin\left(2\,t+\frac{17}{7}\right)$$
$$+ \frac{313}{8}\sin\left(3\,t+\frac{22}{5}\right) + \frac{32}{5}\sin\left(4\,t+\frac{22}{7}\right) + \frac{169}{6}\sin\left(5\,t+\frac{21}{8}\right) + \frac{23}{7}\sin\left(6\,t+\frac{26}{11}\right) + \frac{21}{2}\sin\left(7\,t+\frac{5}{6}\right) + \frac{55}{7}\sin\left(8\,t+\frac{14}{5}\right)$$
$$+ \frac{212}{13}\sin\left(10\,t+\frac{24}{7}\right) + \frac{26}{9}\sin\left(11\,t+\frac{9}{7}\right) + \frac{16}{5}\sin\left(12\,t+\frac{25}{6}\right) + \frac{35}{17}\sin\left(13\,t+\frac{4}{7}\right) + \frac{15}{7}\sin\left(15\,t+\frac{7}{10}\right) + \frac{2}{3}\sin\left(16\,t+\frac{20}{7}\right)$$
$$+ \frac{16}{7}\sin\left(19\,t+\frac{4}{5}\right) + \frac{13}{7}\sin\left(20\,t+\frac{29}{7}\right) + \frac{14}{3}\sin\left(21\,t+\frac{7}{5}\right) + \frac{4}{3}\sin\left(22\,t+\frac{7}{4}\right) + \frac{12}{7}\sin\left(23\,t+\frac{34}{33}\right) + \frac{7}{4}\sin\left(24\,t+\frac{27}{7}\right) - \frac{211}{5}$$

$$0 \leqslant t \leqslant 6.28$$

图 1.2　几条有趣的曲线

(a) 理查德·克拉克的皮卡丘曲线。这是一个参数方程，t 的取值在 0 到 2π 之间，曲线上某一点的坐标由 (x, y) 关于 t 的函数确定，即 $(x(t), y(t))$。这里只给出了皮卡丘轮廓线的方程，完整的方程是其 10 倍长。

(b) J. 马修·雷吉斯特的蝙蝠侠图标曲线。起初方程只有一个解析式，以椭圆方程和直线方程为基础。

(c) 尤尔根·科勒的心形曲线。

(d) 参数方程给出的心形线。

b)

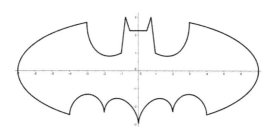

$$y = 9\sqrt{\frac{|(1-|x|)\,(|x|-0.75)|}{(1-|x|)\,(|x|-0.75)}} - 8\,|x|$$

$$y = 3\sqrt{-\sqrt{\frac{||x|-3|}{|x|-3}}\left(\frac{x}{7}\right)^2 + 1}$$

$$y = -3\sqrt{-\sqrt{\frac{||x|-4|}{|x|-4}}\left(\frac{x}{7}\right)^2 + 1}$$

$$y = \left|\frac{x}{2}\right| - \frac{3\sqrt{33}-7}{112}\,x^2 + \sqrt{1-(||x|-2|-1)^2} - 3$$

$$y = 3\,|x| + 0.75\sqrt{\frac{|(0.75-|x|)\,(|x|-0.5)|}{(0.75-|x|)\,(|x|-0.5)}}$$

$$y = 2.25\sqrt{\frac{|0.5-|x||}{0.5-|x|}}$$

$$y = 6\cdot\frac{\sqrt{10}}{7} + (1.5-0.5\,|x|)\sqrt{\frac{||x|-1|}{|x|-1}} - 6\cdot\frac{\sqrt{10}}{14}\sqrt{4-(|x|-1)^2}$$

c)

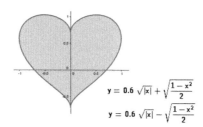

$$y = 0.6\sqrt{|x|} + \sqrt{\frac{1-x^2}{2}}$$

$$y = 0.6\sqrt{|x|} - \sqrt{\frac{1-x^2}{2}}$$

d)

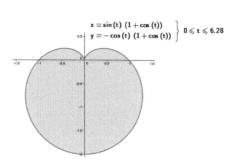

$$\left.\begin{array}{l} x = \sin(t)\,(1+\cos(t)) \\ y = -\cos(t)\,(1+\cos(t)) \end{array}\right\} \ 0 \leqslant t \leqslant 6.28$$

图 1.2 （续）

第二种构建心形线的方法是：取圆上一点 P，以圆上其他点为圆心，作经过点 P 的圆，所有这些圆内包于一条心形线。

更让人意想不到的是，心形线还可以通过数论的方法来构建。在圆周上均匀地取 100 个点，编为 0 到 99 号，然后把各个点与编号为其 2 倍的点相连，如果编号的 2 倍大于等于 100，则以减去 100 计，即编号乘 2 得 100 则对应点 0，编号乘 2 得 102 则对应点 2。按这种方法，点 21 与点 42 相连，点 53 与点 6 相连。所有这些线段形成心形线。取的点越多，心形线就越准确（图 1.3）。

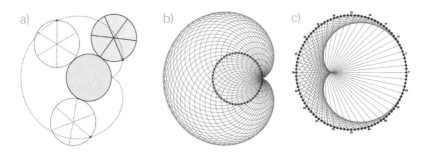

图 1.3 构建心形线的几个方法

可以是圆的外摆线 (a)，也可以是经过圆周上一点且圆心也在此圆周上的圆的包络线 (b)，或者圆周上某点与其 2 倍编号点连线的包络线 (c)。

说了这么多，还没有解释碗里怎么会有一颗"心"。真正原因是，心形线是圆的"散焦线"。

光之几何

光线照射到圆形容器的边缘，会发生反射。假设阳光是平行光，让我们来观察一下反射光路：根据光的反射定律，反射角等于入射角，即反射光线与法线的夹角等于入射光线与法线的夹角，法线是圆在入射点上切线的垂线（图 1.4）。

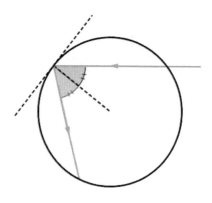

图 1.4 光在曲线上的反射

根据光的反射定律（又称"斯内尔－笛卡儿第一定律"），反射角（红色）等于入射角（蓝色）。

　　阳光视为平行光，照射到杯沿并经过反射后，汇集成的曲线就是所谓的"散焦线"，与所有反射光路相切。这里的散焦线和心形线很相似（图 1.5a）。

　　但是，这样得到的曲线并不是真正的心形线，心形线与圆周不会相交。其实，这是半肾形线，可以视为心形线的"亲戚"，因为它们都是外摆线的一种。如果准圆的直径是动圆的 2 倍，就会得到肾形线（图 1.6）。肾形线有两个对称轴和两个回复点，即曲线好像要往回走的那一点。"肾形线"这个词英语为 nephroid，也来自希腊语，nephrós 意为"肾"。这听起来就没"心形线"那么浪漫了。

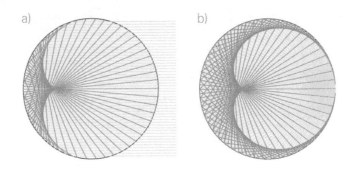

图 1.5　(a) 将阳光视为平行光，反射以后形成的"散焦线"与心形线很相似。这其实是另一种外摆线，称为"肾形线"。(b) 当光源位于圆周上的一点时，才能得到心形线

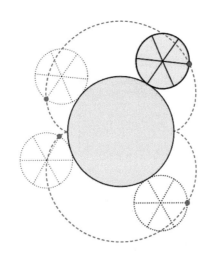

图 1.6　如果准圆的半径是动圆的 2 倍，则动圆上某点的轨迹是另一种外摆线，称为"肾形线"

但不要担心，想要杯子里出现心形线很简单，只要把光源移近一点就行。光源在杯子的圆周上时，出现的就是标准的心形线（图 1.5b）。下一个情人节，你就可以省着点过啦！不用去高级餐厅吃大餐，只要

一盏灯和一碗牛奶就够了，然后再给他或她念一首诗，完美[①]！

* * *

如果你是外摆线，你会是一条心形线。

如果你是全纯函数，你就是正弦的平方，

而我就是余弦的平方，我们刚好合二为一。

如果你是偶数，你会是 28，因为 28 是完全数。

如果你是奇数，你依然会是完全数。

但只有我知道，你这个奇完全数的存在。

如果你是对数，你将会……那个……你懂的。

[①]　如果你真的这么做了，但你的心上人并不领情，作者不承担任何责任。

02

照（不）亮你的家

"这套房在顶层，小区环境优美，舒适安静。不远处就是火车站，地下有停车场。厨房配套齐全，房子有地热供暖。从阳台望出去整个城市一览无余，还能装光纤宽带。每周六早上，楼下还有有机农产品市场。"

"看着挺好，但这满屋子镜子是怎么回事啊？从厨房都能看见浴室。"

"哦，这个啊，不奇怪，上个房客是搞数学的。"

* * *

你要租房，于是中介领着你来到最时髦的小区。中介没骗人，这套房看起来就像一件当代艺术作品。但如果你想要方正的户型、笔直的走廊，那还是换一个吧，这房子曲曲折折和迷宫似的。更引人注目的是，所有的墙上都挂满了镜子。中介非要说这样有好处，因为从房间里任何一处都能看见客厅或者卫生间，而且开一盏灯就能照亮整个屋子。

但你还是有点顾虑。就算房间里挂满镜子，真的随便在哪里开一盏灯就能照亮整套房吗？如果房子是 L 形的，这方法应该可行，站在角落也能从镜子里看到其他地方。但任何房型都能做到吗？

要回答这个问题可不容易。20 世纪 50 年代末，当时爱因斯坦[①]的助手——数学家恩斯特·施特劳斯就曾提出过"镜屋问题"。但直到 1969 年，维克多·克利[②]才发表了"镜屋猜想"。两个等待解答的问题是：

- 所有多边形镜屋都能从房里任意一点整个照亮吗？
- 所有多边形镜屋都能从房里至少一点整个照亮吗？

令人吃惊的是，这些问题还没有令人满意的解答。第一个问题依然处于猜想阶段，而对第二个问题的回答则饱受批评。我们来看看为什么。

彭罗斯台球桌

最早为镜屋问题给出间接解答的是 1958 年 12 月 25 日发表在《新科学家》杂志上的一篇文章。彭罗斯父子——莱昂内尔·彭罗斯[③]和罗杰·彭罗斯[④]怕大家在圣诞节闲得没事做，便提出了好几个谜题。其中

[①] 无论有没有联系，都要提一下爱因斯坦。

[②] 维克多·克利也提出了"美术馆定理"，它确定了监控一个美术馆需要多少摄像头。如果美术馆是一个 N 边形，那么只需要 N/3 个摄像头就足以无死角地监控整个美术馆。

[③] 莱昂内尔·彭罗斯在成为数学家之前是一名精神病医生，他和儿子一起创造了许多不可思议的事物，如"彭罗斯阶梯"，即看似首尾相连的阶梯。

[④] 罗杰·彭罗斯是一名数学家，对物理学也有突出贡献。1988 年，他因为在广义相对论领域做出的贡献，与斯蒂芬·霍金共同获得沃尔夫物理学奖。他还提出了"非周期性彭罗斯密铺法"，这促使了几年后准晶体的发现。因此，2011 年的诺贝尔化学奖就授予了准晶体的发现者谢赫特曼。

一个问题值得我们注意：是否有可能造出一张台球桌，有 A 和 B 两个区域，从 A 区域击出的球永远不可能到达 B 区域（反之亦然）？这个台球桌没有洞，而且没有摩擦力，不会影响球的运动轨迹。如果有个房间和这种台球桌同样形状，那正好是施特劳斯第一个镜屋问题的非多边形反例，因为球的轨迹可视为光线在每面镜子之间的反射光路。彭罗斯父子利用一种几何形状——椭圆的光学性质回答了这个问题。椭圆就好像压扁的圆，其定义为到两个定点的距离之和为常数的所有点的集合，这两个定点称为椭圆的焦点。椭圆形台球桌有非常特别的性质：如果我们把球放在一个焦点上，而洞在另一个焦点，那从数学上说，球必进洞无疑（图 2.1）；而如果我们把球放在两焦点连线的线段上，则球的反弹轨迹必定与此线段相交。正因为椭圆有这样的性质，我们可以构建出"彭罗斯台球桌"（图 2.2）。

椭圆形台球桌的实际情况要比这个理想的数学模型复杂得多，因为除了初始运动方向，很多因素都会影响球的运动轨迹。击球速度和球杆与球的碰触位置也会影响球的反弹角度。

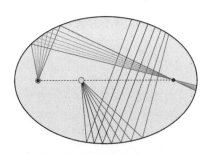

图 2.1　椭圆形台球桌

如果球从一个焦点（紫色）出发，则必然经过另一个焦点。如果球在两焦点连线线段上，则球的轨迹必与此线段相交。

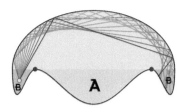

图 2.2　彭罗斯台球桌

从B区击出的球永远不可能达到A区，反之亦然。

1978 年，杰夫里·劳赫发表了文章《有界域的照明》（*Illumination of Bounded Domains*），优化了彭罗斯父子的模型，提出了一种"迷你高尔夫球场"模型，要一定杆数才能让球进洞（图 2.3）。有此形状的房子就是施特劳斯的第一镜屋问题的非多边形反例，因为无论把灯放在哪里，都会有照不到的区域。

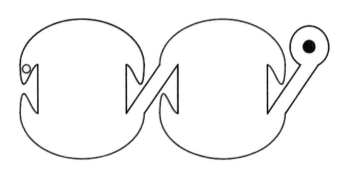

图 2.3　劳赫的"迷你高尔夫球场"模型

高尔夫球不可能借助反弹一杆进洞，至少需要 5 杆才能完成，此模型可以推广。

不管怎么说，这些模型都没能真正解答施特劳斯的镜屋问题，因为它们都含有椭圆或圆的弧，而问题里说的是多边形。

托卡尔斯基黑屋

直到 1995 年，镜屋猜想的真正反例才浮出水面。让多边形的镜屋中有照不到的点是完全可能的，只要找到特别的光源点。

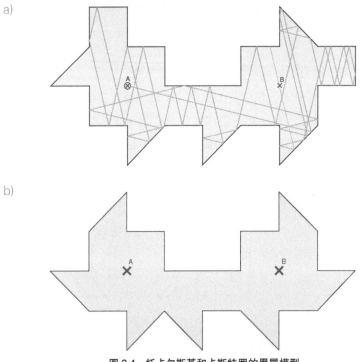

图 2.4　托卡尔斯基和卡斯特罗的黑屋模型

如果在点 A 点燃一根火柴，点 B 依然会处于黑暗之中，反之亦然。观察一下光路就知道，从点 A 出发的光线会从点 B 旁边通过，但永远不会经过点 B。

加拿大人乔治·托卡尔斯基给出了第一个反例。这是一个 26 边形，每个角都是 45° 或 90° ，如果将点光源放在一个特定点上，那么整个屋子有一个点肯定照不到（图 2.4）。这个模型太过特殊，因为只要移动点光源分毫，整个屋子都会被照亮。两年后，D.卡斯特罗优化了这一模型，将 26 边缩减为 24 边，其他性质不变。直到今天还没有出现边数更少的模型。

这是怎么得出的呢？为了理解这个问题，我们先考察一下正方形镜屋 ABCD 中会有怎样的光路。假设一束激光从顶点 A 射出，如果照到其他任何一个顶点，必会原路反射回来，或者被视为吸收了也可以，反正不影响光路。如果光线射到正方形的一边，那就会发生反射，而且遵循反射定律，即反射角等于入射角。这一现象也可以解释为：光线射到正方形的一边后，在下一相同正方形镜子中沿直线传播。如果把正方形镜屋复制为无穷多的方格，那么在正方形内折来折去的光路也可以被视为无穷多方格中穿过的一条直线。从点 A 发出的光若要回到点 A，或者说，这条光若想经过点 A 到达无穷多复制方格中的另一个点 A，则必须至少一次经过 B、C 和 D 三顶点之一（图 2.5）。

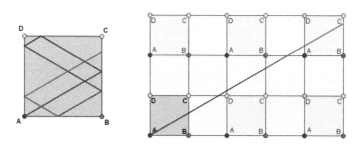

图 2.5　正方形 ABCD 里的光路图

从点 A 射出的光线要回到点 A，必须要经过其他顶点。如果把光路视为无穷多方格里的一条直线，就好理解多了。

利用这种性质，我们可以制造一个无法全部照亮的黑屋，方法是将正方形 ABCD 以对称的方式重复多次，让所有顶点 B、C、D 都处于房间的角落（图 2.6）。而有两个顶点 A 不在角落。这样一来，如果光线从这两个点 A 中的一点出发，要到达另一点，必须经过其他顶点至少一次。但所有其他顶点都在角落里，光线照到这些顶点就会沿原路反射回去，永远不可能到达另一个 A 点。于是，我们构造出了一个多边形黑屋，其中至少有两点，从这两点出发的光线无法把屋子全部照亮。

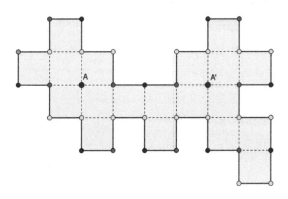

图 2.6　32 边形的黑屋

这座黑屋以正方形为基础构造而来。黑屋里有两点，从这两点出发的光线无法照亮整个屋子。从蓝色点 A 出发的光线要到达另一个蓝色点 A'，必然要经过其他颜色的顶点。但这些点都在角落，照到它们的光线只会反射回起点 A。

　　以同样的方式，我们可以构建出其他黑屋，让其中无法照亮的点多于两个。

　　不仅正方形可以用来构建黑屋，一些特殊的三角形也可以。26 边形或 24 边形黑屋正是由此而来。托卡尔斯基在文章中还提出了无直角多边形黑屋，用内角为 9°、72° 和 99° 的三角形构造而成。

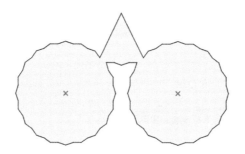

图 2.7 无直角多边形黑屋

　　总之，施特劳斯提出的问题看似复杂，却引出了出人意料的几何图形。但根本问题还是没有得到解答：是否能画出一个房间，从其中任意一点出发的光线都无法把整个房间照亮？是否能找到一个区域，而不是一个点，从该区域无法把整个房间都照亮？多边形"迷你高尔夫球场"中是否存在一个洞，至少需要三杆才能把球打进去？这些问题看似不可能解决，但人们一直等待着某位数学家进行深入研究。数学爱好者们加油！

＊ ＊ ＊

　　"看着都挺好的，这套房我们租了。我数了一下，连阳台上的一起，一共有 740 面镜子。假如我们搬家的时候打破 5% 的镜子，按照法国人的说法，打破一面镜子要倒霉 7 年的话，那我们一共要倒霉 259 年，平均每人 129 年零 6 个月。考虑到房租，性价比还真是很高呢！"

03

瓷砖铺法知多少

"终于把这些倒霉的镜子都弄走了！墙面怎么装修呢？卧室里贴墙纸应该不错，我在家居市场看到一种花型特别棒，贴起来一定很漂亮。卫生间的墙还是用马赛克吧，经典又实用。"

"挺好的……但我还有别的想法，说给你听听啊……"

＊ ＊ ＊

瓷砖可不能随便铺！要考虑颜色、大小、材质……而且瓷砖的形状绝对不能选错。方形的瓷砖虽然整齐，但太死板了，试试六边形的瓷砖吧，铺出来是蜂窝状，或者用第 15 种可密铺的五边形，看起来非常现代，这是 2015 年 10 月才出现的设计。

艺术家总是走在科学家前面。早在《梦想改造家》这类电视节目出现前 6000 多年，苏美尔人就已经用陶片来装饰墙面了，古罗马也处处可见石板铺成的地面，而伊斯兰艺术更用马赛克充分体现了周期密铺法中复杂的数学原理。西班牙格林纳达的阿尔罕布拉宫始建于 12 世纪。19 世纪末，俄国数学家叶夫格拉夫·费奥多罗夫仔细考察了其中的墙壁和地面，共找出了 17 种密铺法[1]。

但密铺问题的本质是什么呢？所谓密铺法，就是用瓷砖把平面严密地覆盖起来，不留缝隙且不重叠。有一类密铺法是周期性的，即瓷砖间有平移关系。密铺法有无穷多种，数学家试图找出它们的异同，从而了解密铺问题的本质，说不定还能找到新的密铺法。

最多 17 种墙纸纹

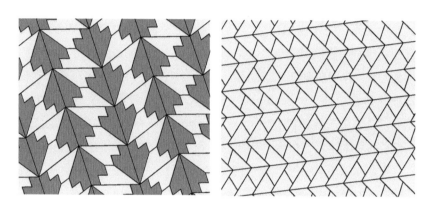

图 3.1 两种 pmg 型密铺法

图形不仅在平移之后不走样，在做轴对称（如果所有对称轴都平行）或中心对称之后也保持不变，甚至在滑动对称（平移之后再进行轴对称）变换之后，还能保持效果。

区分两种不同的密铺法是个棘手的问题，最主要的办法就是看对称关系。所谓对称关系，就是让总体不变的变换。以图 3.1 中的两个

---

[1] 这 17 种是否都能在阿尔罕布拉宫中找出，数学界还有争论。但这并不妨碍我们把费多罗夫分类称为"阿尔罕布拉定理"。

图案为例，第一个由凹六边形①组成，形成箭头和"之"字形，而第二个由四边形组成。

乍看之下，这两个图案没有什么共同点，只是看着都让人觉得有种波动感。其实，这种感觉恰恰反映了这两个图案的共性，它们都是pmg型密铺法。如果我们仔细观察，就能找到许多平行的对称轴：在第一个图案中，对称轴就是穿过蓝色箭头的黑线；在第二个图形中，对称轴是几乎水平的直线。但事实上，这两个图案还有许多对称点：如果把第一个图形绕"之"字型的中心旋转180°，还是会得到一样的图形；而第二个图形的对称点是平行线间线段的中点。人们按照不同的对称关系组合给密铺法分类，有些图案是轴对称，有些是点对称，有些是围绕一点旋转180°、90°或60°而成。仔细研究过所有的对称组合之后，我们发现归结起来只有17类（图3.2），类型的名称看似比较费解，如p1、p2、p3、pmg、pgg、p4、p3m1，等等。这是晶体学的标准化命名法，此处不再赘述。一种密铺法中所有的对称关系合起来称为"平面晶体群②"，俗称"墙纸群"，每个群代表一种不同的类型。③

当数学家看到一种周期性的图案，他的第一反应是把对称关系找出来，比如看到国际象棋的棋盘，他会把四个方向的对称轴找出来，再把对称点和90°旋转点找出来。只有p4m类型包含了所有的对称关系。你在装修卫生间的时候可千万别选这种密铺法，样子太普通了。不过还有那么多类型，挑选起来可真犯难。

---

① 沿多边形的任意一边作延长线，如果多边形的其他各边都在此延长线同侧，则此多边形称为凸多边形；如果有至少一条边的延长线使得其他各边不在同侧，则称为凹多边形。第一个图形中的六边形是个很好的凹多边形的例子，因为它有一边就是"凹"进去的。

② 群是数学中一个很重要的概念，是研究几何图形广义对称最合适的代数形式，这里不细述。

③ 读者若对墙纸群及其分类的细节内容感兴趣，请参阅维基百科Wallpaper group词条。——编者注

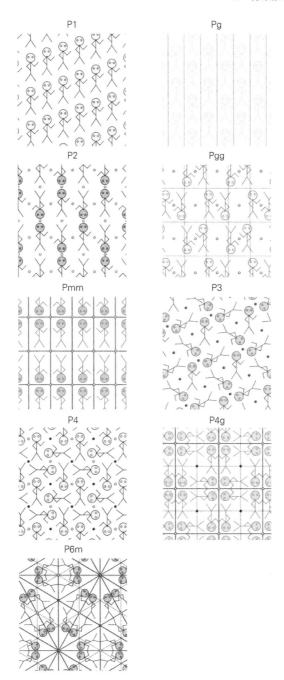

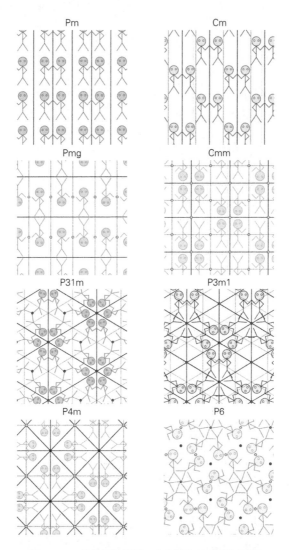

图 3.2　17 种墙纸纹样群，或者说是 17 种平面晶系

每个群对应周期密铺法中的一组对称关系。图中的对称轴以黑色实线表示，平移再轴对称的对称以虚线表示。如果是围绕一点旋转而成，则旋转 60°、90°、120° 和 180° 的点分别用绿色、蓝色、红色和黄色表示，由此可知绿色、蓝色和黄色的点也是对称点。

15 种可密铺五边形

数学家经过很长时间才意识到，有意思的不仅是对称关系。如今，他们发现用来铺出图案的瓦片或砖块更值得研究，因为密铺单元的问题更复杂。那么，到底用几边形可以密铺平面呢？

想要完美地回答这个问题，恐怕写几本书都不够。我们不如先来看看最基本的问题：用哪种凸多边形可以规则地密铺平面呢？当然，必须假设这些多边形完全相同且互不交叠。

首先，我们可以试试正多边形，即所有内角相等、所有边也相等的多边形。不难看出，等边三角形、正方形和正六边形都可以密铺平面。但正五边形不行，因为它的内角是 108°，这样一来，当 3 个正五边形相拼时，内角和达不到 360°，而 4 个正五边形相拼时，内角和又会超过 360°。同理可得，正七边形或者边数更多的正多边形都行不通。

我们再来看看非正多边形的情况。首先是三角形：两个全等三角形以等边相拼，就得到一个平行四边形；所有的平行四边形都可以密铺平面，所以三角形也可以密铺平面。三角形的瓷砖没什么稀奇的。那四边形呢？我们知道正方形、菱形，或者更广义地说，平行四边形可以密铺平面。实际上，任意四边形都可以密铺平面，无论凹凸（图 3.3）。

图 3.3　任意四边形都可以密铺平面

两个相同的四边形可沿等边相拼，一直重复这一操作，就可以密铺平面。

　　凸六边形就有点意思了。不是所有的凸六边形都能密铺平面，只有 3 种可以：第一种，有一组对边平行且相等；第二种，有两组等边，且有三个内角和为 360°；第三种，三组邻边相等，且其夹角之和为 360°（图 3.4）。不符合以上条件的凸六边形无法密铺平面。这一类解决了，但复杂的事情还在后面。

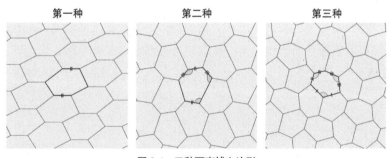

图 3.4　三种可密铺六边形

　　我们再来看看凸七边形，很快就会发现不可能密铺。1978 年，伊万·尼文就已经证明,凸七边形或更多边形不可能密铺平面。想要瓷砖铺得有独特性,唯一的希望就是五边形了,这也是最复杂的问题。

最古老的可密铺凸五边形应该是"开罗砖",即内角为120°、90°、120°、90°、120°的五边形(图3.5)。这种砖名副其实,因为在埃及首都开罗的地面上真的能看见它的身影。4个这样的五边形可以组成一个六边形,然后再通过平移就可以密铺平面。

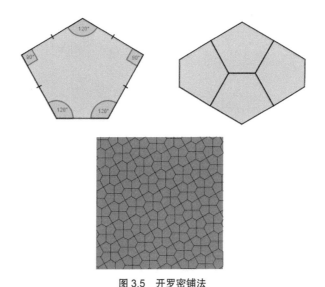

图3.5 开罗密铺法

用4片开罗砖(左上)组成一个六边形(右上)就能密铺平面(下)。

那么问题来了,哪些凸五边形可以密铺平面?实际上,符合情况的五边形有无穷多。比如,只要五边形有两边平行,就可以密铺平面。既然"合格者"有无穷多,那么一一列举就不现实了。让我们分类来说。有两边平行的五边形算作第一种。

要注意的是,可密铺五边形的分类与对称组合并无直接联系。先选择一种可密铺五边形（密铺单元），再选择一种对称组合，才能决定密铺的方法。但是，有些组合在实际中无法实现。

以下这些图案中的五边形都属于第一种可密铺的五边形，却能实现 8 种不同对称关系组合（图 3.6），可见两者之间没有决定关系。

图 3.6　同是第一种可密铺五边形，即有两边平行的五边形，组合出的密铺形式却不同，对称关系组合包括 cm、p3、pgg 和 p6

50 年来，到底有几种可密铺五边形的问题一直悬而未决。德国数学家卡尔·莱因哈特曾给出 5 种，大家都以为这就是全部了。但 1968年，美国数学家理查德·克什纳又找到了 3 种新的可密铺五边形（第6、7、8 种）。而且他认为只有 8 种，没有更多了！但克什纳并没有给出严格证明。1975 年，马丁·加德纳在《科学美国人》杂志的专栏中介绍了克什纳的发现。一位加州的程序员理查德·詹姆斯受此文启发，又找出了一种可密铺五边形，现称为第 10 种[①]。但詹姆斯没有尝试证明不存在其他可能了。

1977 年，加德纳又发表了一篇文章，介绍了詹姆斯的发现。这篇文章被一位叫作玛乔丽·赖斯的家庭主妇看到了。玛乔丽未受过任何专业数学训练，却找出了 4 种新的可密铺五边形。这真是数学爱好者的胜利！

1985 年，德国数学家罗尔夫·施泰因发现了第 14 种可密铺五边形，并证明了有且仅有 14 种。但几年之后，人们发现他的论证有漏洞。

2015 年夏天，三位美国数学家凯西·曼、珍妮弗·麦克洛德－曼和大卫·冯·德劳用计算机枚举法找到了第 15 种可密铺五边形。这太出人意料了，因为大家都已默认最多只有 14 种可密铺五边形，尽管没有证明。

迄今为止，人们共找到 15 种可密铺五边形（图 3.7），没有人敢断言还有没有其他的可能。一个五边形可以同时属于两种类型的可密铺五边形，比如开罗砖就同时属于第 2 种和第 4 种。

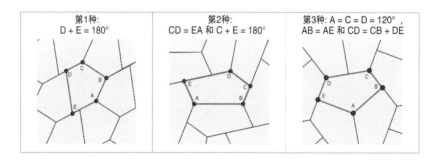

① 你没看错，第 9 个被发现的五边形却被称为第 10 种。这主要是因为此后发现的另一种类型与第 8 种十分类似，就被算作第 9 种了。

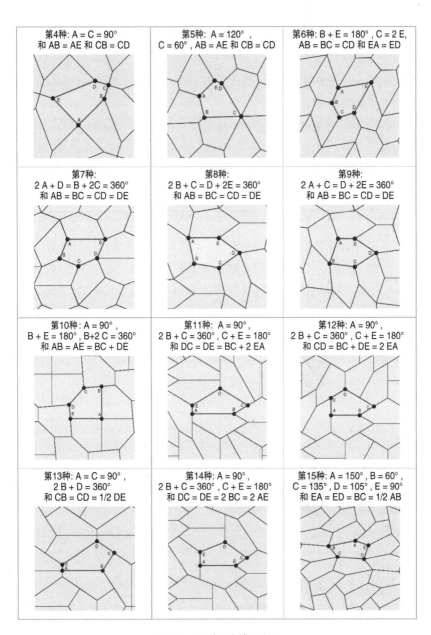

图 3.7　15 种可密铺五边形

　　今天，密铺法依然是许多数学问题的研究对象。虽然周期性密铺的分类已经基本被掌握，但还有许多问题尚待解决。非周期性密铺，即密铺单元不按一定规律重复的密铺，也有许多发现，如1970年发现的彭罗斯密铺（图3.8）。以上这些密铺都是在二维平面上进行的，但我们也可以把问题扩展到三维空间，这时就不止17种对称组合了，而是有230种之多。喜欢抽象思维的人甚至可以推广到更多维空间。

　　密铺问题本来只是数学家的小娱乐，但数学就是这样，只要假以时日，就会在其他学科中找到用武之地。晶体学，即从原子层面研究晶体结构的科学，就用到了三维密铺法来研究原子的排列方式，而某些非周期性密铺则为准晶体研究提供了优秀的模型。

　　然而最重要的是，人人都可以铺出与众不同的卫生间啦！

图3.8　彭罗斯非周期性密铺

其基本单元为菱形，大菱形的内角为72°和108°，小菱形的内角为36°和144°。

＊ ＊ ＊

"我觉得还是用第 14 种可密铺五边形的瓷砖吧。很有设计感，看着又现代，有个性，用在卫生间真是完美。你知道哪里有卖吗？"

"呃……其实就用长方形的瓷砖也不错……"

04

青梅竹马分披萨

"亲爱的，披萨到了，快来吃吧，等会儿凉了就不好吃了。不用拿刀叉了，已经切过了！"

"啊，太好了，我们平分吗？我一半你一半？"

"我也想啊，但有个问题……"

* * *

今天晚上，你和爱人决定点个外卖披萨，在家看一通宵的电视剧。你们惊奇地发现：第一，在《废柴联盟》里，阿拜德在平行时空有个邪恶的分身；第二，一种怪病侵袭了整个外卖披萨界，披萨永远切得大小不一。面对现实吧，切披萨的人肯定不懂三角函数和高斯 – 旺策尔定理[1]，才会把一块"奶酪大会"披萨切得乱七八糟。

这时，如何把一块块的披萨平分给两个人呢？难点在于，每块披

---

[1] 高斯 – 旺策尔定理是平面几何的一条定理，阐述了尺规作图等分圆周的充要条件。根据此定理，仅用尺规，圆周可以 2、3、4、5、6 等分，无法 7 或 9 等分。

萨有大有小，要不然也不会这么麻烦。

幸好，有个定理专门针对这个问题！实际上不止一个定理。纵观历史，数学家们吃着披萨找到了为数众多的方法。

1967 年 5 月号的《数学杂志》上刊登了一道题：披萨被切成不规则的 8 块，如何等分？几个月后就有人寄来了答案，于是就有了最重要的定理——"奶酪披萨定理"。这名字多合适！ 2009 年 5 月，里克·马布里和保罗·德尔曼证明：并不是永远都可以等分披萨。

奶酪披萨定理

我们来仔细研究一下这个披萨定理的内容。首先，假设披萨是一个完美的圆形，被切了 N 刀，每一刀都沿直线切割且相交于一点，于是有 $2N$ 块。再假设所有切割线的夹角相等，为 $360°/2N$，且切割线不一定经过圆心。我们在圆心放一颗青梅做标记（即图 4.1 中的绿点）。

分披萨时，两人各拿总块数的 1/2。有青梅的那块比别的都大，为了叙述方便，拿到有青梅这块的人就称作"青梅"，另一个叫作"竹马"。这时马布里和德尔曼的奶酪披萨定理可如下表述。

- 如果至少有一条切割线经过圆心，青梅和竹马总可以分到等量的披萨。下面我们不考虑这种情况。
- 如果 $N = 0$，$N = 1$ 或 $N = 2$，则青梅分到的披萨多。
- 如果 $N \geq 4$ 且为偶数（ $N = 4$，6，8，10，12，…），则披萨可以等分。
- 如果 N 是奇数且可以写成 $N = 4k + 3$ 的形式（ $N = 3$，7，11，15，…），则青梅分到的披萨多。
- 如果 $N \geq 5$，且为奇数，且可以写成 $N = 4k + 1$ 的形式（ $N = 5$，9，13，17，…），则竹马分到的披萨多。

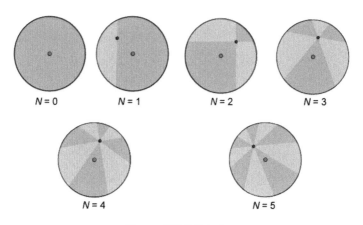

图 4.1 奶酪披萨定理

根据定理，一块披萨按上述假设切成大小不一的 2N 块，然后在两人之间分，且两人拿的块数一样多。

(a) $N = 0, 1, 2$ 及 $N = 3, 7, 11, \cdots, 4k + 3$ 时，拿到圆心那块的人分到的多。

(b) $N = 5, 9, 13, \cdots, 4k + 1$ 时，拿到圆心那块的人分到的少。

(c) 在其他情况下，即 N 为大于等于 4 的偶数时，披萨可以等分。

只表述当然不够，还需要证明！这就有点复杂了，对于有些 N 值，证明并不简单。

$N = 0$ 时，披萨一刀未切，全归青梅一人。$N = 1$ 时，披萨只切了一刀，分成两块，切的这一刀不经过圆心，所以还是青梅拿的比较多。这两种情况下，还是找披萨店退钱吧，这切得也太差劲了。

$N = 2$ 时，问题依然简单，但值得玩味。这时披萨被切成 4 块，青梅和竹马各分得 2 块，依然是青梅分到的比较多。多出多少呢？让我们来量化一下。如图 4.2 所示，以圆心、切割线交点、切割线作一个长方形（阴影部分），青梅多得的部分是此长方形的 4 倍。另外，此时青梅和竹马分得的饼边一样多。

仔细研究下图 4.2，不难得出证明。

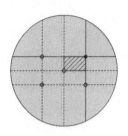

图 4.2　证明：青梅 – 竹马 = 4 个阴影长方形

为了计算青梅多得了多少，我们在披萨上再切几刀，让中间出现 4 个面积相等的小长方形，这些都属于青梅分得的部分，另外 12 块则为两人均等。可见，青梅多得的部分即 4 个小长方形。

专业切披萨 40 年

在得出奶酪披萨定理以前，切披萨问题从 20 世纪 60 年代提出，到 2000 年左右得以解决，走过了漫长的路程。

第一个被考虑的情况是：披萨切成不等的 8 块，每块都是 45°。在此情况下，拿到圆心那块不会有任何优势。1967 年，L. J. 厄普顿在《数学杂志》上提出了这个问题，但并未以披萨的形式出现。1968 年，迈克尔·戈德堡在同一本杂志上给出了解答，但他的证明缺乏美感，只是用代数方法计算了每块的面积。此一计算证明法可以推广到 N 为任意偶数的情况。

1994 年，《数学杂志》刊登了一种更巧妙的证明。拉里·卡特和斯坦·瓦贡以拼图的形式证明，青梅和竹马拿到的一样多（图 4.3）。自 1968 年起，披萨问题就没人研究了。二人也想借此抛出问题，请读者们研究一下切成 6 块会怎样（N = 3）。也正是从他们用披萨来表述圆盘切分面积开始，这个问题才广为人知。

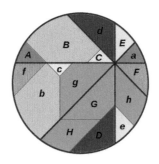

图4.3 此图不言自明：如果披萨被切成8块，两人分得同样多的块数，
则分到的披萨也一样多，各得一半

当卡特和瓦贡公布 $N=4$ 的证明时，N 为奇数时会是什么情况还不能确定。此后，人们也只证明了 N 为奇数时两人拿到的披萨不等。但究竟谁多谁少，还没能找到规律。唐·科柏史密斯用反证法给出了证明：N 为奇数时，如果两人能分到等量的披萨，则与圆周率 π 的性质相悖[①]。

受到卡特和瓦贡的启发，里克·马布里和保罗·德尔曼也决定研究一下这个问题，而他们要解决的主要是 N 为任意奇数的情况。经过11 年的钻研，2009 年他们终于发表了文章《奶酪和饼边：披萨猜想的证明及其他美味的结论》，讨论了所有剩余的情况，彻底解决了披萨问题。其证明方法既用到了几何又用到了代数，但比 N 为偶数时的证明复杂得多。这篇文章引起了广泛关注，因为这两位数学家十分幽默地将其结论命名为"奶酪披萨定理"还有"披萨双积引理"！

① 科柏史密斯证明这与 π 的超越性相悖。π 这类数被称为超越数，不能通过解方程获得。1882 年，林德曼就已经证明了 π 的超越性无可置疑。相反，$\sqrt{2}$ 不是超越数，而是代数数，因为它是方程 $x^2 = 2$ 的一个解。黄金比例 φ 也不是超越数，因为它是方程 $x^2 = x+1$ 的一个解。

饼边和卡拉佐内披萨

马布里和德尔曼没有见好就收。不仅披萨上的馅料，酥脆好吃的饼边也要平分啊！为了解决饼边问题，他们又提出了"饼边定理"。

披萨被想象成两个同心圆，里面的圆代表馅料，外面的圆代表饼边，披萨还是被切了 N 刀，从而分为 $2N$ 块，同样在青梅和竹马之间分，而且两人拿的块数一样多。

此时仍然要根据 N 的取值分类讨论：如果 $N \geqslant 4$ 且为偶数，那么馅料和饼边都能等分；如果 N 为奇数，则不可能等分。在后一种情况中，如果 $N = 4k + 3$（$N = 3$，7，11，15，⋯），青梅可以分得更多的馅料，但饼边较少；如果 $N = 4k + 1$（$N = 5$，9，13，17，⋯），则情况正好相反。

马布里和德尔曼还进一步研究了犹如鞋子形状的卡拉佐内披萨怎么分比较好。他们把卡拉佐内披萨作为三维披萨来处理，也就是说，圆盘上还有一个中心对称的面。这种包馅儿的披萨填满了奶酪之类的高热量食物，所以也要平分才行。我们还是假设切了 N 刀，而且都不经过圆心，分披萨的两人拿的块数一样多。当 N 为偶数时，总可以平分。当 N 为大于 3 的奇数时，情况就有些出人意料了（图 4.4）。

- 如果是圆锥形，情况与普通披萨完全相同。比如，$N = 5$ 时，拿到圆心那块的人分得的较少。
- 如果是圆形或椭圆形，则无论切成几块，总可以等分。
- 如果是抛物线形，情况与普通披萨完全相反。比如，$N = 5$ 时，拿到圆心那块的人分得的较多。

数学家研究这些问题当然不是为了改善披萨师傅的工作环境，这些都是几何学和组合分析的基础研究结果。而且谁也不知道，这些结论以后会不会应用于别的学科。这一天来临之前，要不你再来点披萨？

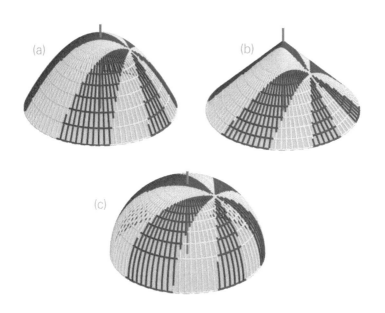

图 4.4　卡拉佐内披萨切 5 刀，共 10 块的分法

根据披萨形状不同，拿到圆心所在那块披萨的人在 (a) 情况下分得的多，(b) 情况下分得的少，而在 (c) 情况下，两人分得的一样多。

* * *

"我看看啊，披萨切成了 10 块，也就是说切了 5 刀。如果我让你拿最大的那块，那你拿的就比较多。拿吧，是你付的钱，那你多吃点！"

"是不是真的啊？不会是骗我的吧？"

"怎么可能骗你？我绝对不会拿数学对付你的……"

05

如何平分有菠萝、奇异果和樱桃的蛋糕

"小明，你数学学得好，你来切蛋糕吧。"

"没问题，我马上……"

"我不是很饿，给我最小的那块吧。"

"好……"

"哦，对了，小珍不吃草莓，她那块不要有草莓啊。"

"这……"

"还有，小周对覆盆子过敏。"

"……"

"还有，小莉不爱吃巧克力……

* * *

晚饭吃完了，该吃蛋糕了。切蛋糕这个重任落到了你的身上。如果你用几何知识把蛋糕小心地切成完全相等的几块分给朋友们，那一会儿人家肯定会抱怨："我这块全是硬皮，这不算啊！""不公平啊，她

那块巧克力比我这块多。""我这块怎么都是草莓啊？我不吃草莓！"

你还是承认了吧，这蛋糕切得太随意了，没有考虑到每个人的不同要求！为了让大家都满意，不管是切蛋糕，还是切披萨、千层饼、巧克力……不能一个人说了算。那该怎么办呢？这个问题在 20 世纪50 年代就开始讨论了，许多数学家都做出了自己的贡献。上一章分披萨的问题只是几何问题，这里分蛋糕的问题则属于博弈论的范畴——每个人都想拿到自己认为最好的那块。

假设有 N 个客人来分这块蛋糕，我们将他们从 1 到 N 编号，记为客 1、客 2，…，客 N。每个人想要的不一样：巧克力多的那块对客 1来说可能没什么价值，因为他不喜欢巧克力，但对客 2 来说就很好，因为他喜欢巧克力。每个人都能选出自己觉得最好的那块，而且，每个人也都能把蛋糕分成自己看来等值的几块。

假设每个人都按"自己的价值观"给每块蛋糕从 0 到 1 评分，比如一块什么也没有的蛋糕分数为 0，整个蛋糕分数为 1。如果评分为0.5，则意味着这块蛋糕的价值为总体的一半，而不是分量为总体的一半。评分可以相加，比如两块评分为 0.21 的蛋糕加在一起，就成为一块评分为 0.42 的蛋糕。每个人的评分标准不一样，有人喜欢荔枝，有人不喜欢，那么对喜欢的人来说，荔枝越多评分越高，而对不喜欢的人来说，则是荔枝越少评分越高。

按各自标准，每个客人拿到的那块蛋糕至少应是 $1/N$，即"可接受"的结果，这样才能算公平。我们假设大家不清楚彼此的喜好，只想自己那块蛋糕的价值尽量高。毕竟，这只是分蛋糕，不是炒股，做出选择不会产生风险。如果事先故意切出很大一块，希望别人能让给我，那肯定是不行的。完全公平分配，让每人拿到的那块蛋糕按自己的标准都恰好是 $1/N$，这是最难实现的。但是，每人都拿到一块价值高于 $1/N$ 的蛋糕，这是完全可以实现的，如图 5.1 中的 (f)。

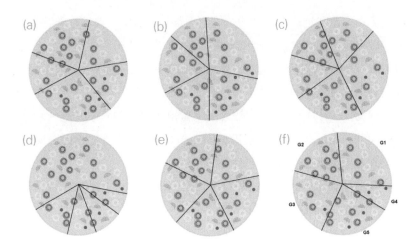

图 5.1 分水果蛋糕

分水果蛋糕的时候，每个人都有自己的喜好，一个人觉得公平，另一个人则不一定。假设这个水果蛋糕中有菠萝、奇异果、橙子、樱桃。每个人都有自己的喜好。

客 1 喜欢菠萝，所以他的评分要根据菠萝的多少来定。在他看来，切法 (a) 是公平的，因为每一块的菠萝数量相等，评分都是 1/5。假设客 2、客 3、客 4、客 5 分别偏爱奇异果、橙子、樱桃和蛋糕底，所以分法 (b)、(c)、(d)、(e) 在他们各自眼中也是公平的，每一块的评分也都是 1/5。

最后一种切法 (f) 对所有人来说都公平，因为按各自标准，每人分到的蛋糕评分都超过 1/5。比如，客 1 喜欢菠萝，他拿到的虽然不是菠萝最多的一块（客 3 那块有将近 7 片菠萝），但客 1 的评分也有 6/25，这意味着，这块蛋糕所含菠萝超过总数的 1/5。

两人分：我切你选

　　第一种情况：一对情侣宅在家，想要分享香甜的杏仁泡芙蛋糕。这可是高级甜品店的招牌蛋糕，不能儿戏。怎么分才能让两人都开心呢？其实很简单，用"我切你选"的方法就好。

　　第一步：客 1 把蛋糕切成自己认为等值的两块。

第二步：客 2 从中选自己认为更好的一块，另一块给客 1。

如果客 1 把蛋糕切得一大一小，而客 2 选了大的那块，那客 1 也只能自认倒霉。当然，如果你的那个他（她）自愿把大的那一块让给你，就另当别论了。既然占了好处，就别抱怨这方法不管用了。

三人分：我切你们选

第二种情况：与好哥们儿分蛋糕。你请两个好友来家里分享橄榄蛋糕，但他们和你一样都想狮子大开口，拿一块最大的，这该怎么办呢？1943 年，提出过一则泛函分析定理的胡戈·施泰因豪斯第一次确立了三人分配法。

第一步，客 1 把蛋糕切成他认为等值的三块。

第二步，客 2 看一下这三块，并有以下两种选择：

- 如果看到至少有两块可接受的蛋糕，那就先不拿；此时，按客 3、客 2、客 1 的顺序选蛋糕；
- 如果有两块不能接受，就把这两块标为"差"。

第三步，如果客 2 将两块标为"差"，那么此时客 3 也有两个选择：先不拿或者将两块标为"差"。如果客 3 决定先不拿，那就按照客 2、客 3、客 1 的顺序选蛋糕。

第四步，如果客 2 和客 3 都选择做标记，那客 1 就要必须拿同时被客 2 和客 3 标为"差"的那一块（或两块之一）。

第五步，此时还剩下两块蛋糕，我们把两块合成一块（考验你烘焙技艺的时候到了）。客 2 和客 3 用"我切你选"法来分：客 2 把合成一体的新蛋糕切成自认为等值的两块，客 3 从中选一块，剩下那块归客 2。

如果大家都理性行事，每个人拿到的那块蛋糕都将是可接受的选择。客 1 总是最后选的那个人，所以他在一开始切的时候就要尽量均衡。第二步时，客 2 在保证能拿到可接受选择的情况下，才会决定先不拿。如果他选择做标记，那无论客 3 怎么选择，他最后都能拿到可接受的蛋糕。总之，按照这种方法，每个人都满意。

N 人分：每人一刀法

第三种情况：朋友们一起玩桌上游戏《龙与地下城》。3 个小时之后，法师死了，大家刚好借机休息一下。主人做了他最拿手的布列塔尼蛋糕。聪明如你，一定会用巴拿赫和克纳斯特在 1944 年提出的分配法，以保证分配公平。

第一步，客 1 从蛋糕中切出自认为价值 1/N 的一块，我们称之为 P。

第二步，客 2 有两种选择：

- 如果他认为这块不可接受，就什么都不做；
- 如果他觉得可接受，就把P再切小一点，但依然保持可接受的状态，即其价值对客2来说至少是1/N。

第三步到第 N 步，其他所有人，即从客 3 到客 N，都做出同样的选择——要么什么都不做，要么把 P 再切小一点，这样 P 会越来越小，最后一个选择切小的人可以把它拿走。然后回到第一步：把剩下的蛋糕合在一起，剩下的 N−1 人重复以上过程，直到最后剩下 2 人，用"我切你选"法即可。

最后，每个人都能得到自认为价值 1/N 的蛋糕，因为那是自己切的。当然，每人一刀，蛋糕最后会不会被切成渣，那就说不好了。下次还是少放点梅子吧……

N 人分：你喊我停法

第四种情况：你的婚礼。切蛋糕是婚宴的重头戏。亲朋好友都来祝福你们，更想尝尝蛋糕好不好吃。40 个客人要公平分配，这可不能儿戏。根据传统，只能由新郎和新娘来切，千万不能像上个例子中那样，宾客每人一刀把蛋糕切成渣。

1961 年，杜宾斯和斯帕尼尔提出了一种分配法，用在这种场合再合适不过，因为掌刀的只有一人，而且能保证每人拿到的都是 1/N。与之前的例子不同，这种方法不是一步一步进行的，即"离散"方法，而是所有人同时进行选择，即"连续"方法。

新郎和新娘举起刀，在蛋糕上慢慢划过，如果有人觉得够了（可接受），就喊停，新郎和新娘就把这一块切给他，剩下的客人继续。最后剩下的两个不知足的人——如此不懂礼节，一定是夫妻俩——用"我切你选"法即可。采用这种方法可不能贪心，不然该轮到你的那块就被别人拿走了。

三人分：不吃亏

第五种情况：孩子们吃点心。考验你的时候到了，要给三个孩子分奶油布丁。孩子们可不在乎公平不公平，他们只想着自己的那块不能比别人小！

这不再是公平分配的问题，不是要让每块都大于等于 1/3，而是要让大家都觉得自己没吃亏，都能拿到自认是最好的那块。两人分用"我切你选"法肯定没问题，但施泰因豪斯的三人分配法就会有问题了。幸好有塞尔弗里奇 – 康威法[1]。塞尔弗里奇于1960年发现了这一方法，但未发表，20 世纪 90 年代由康威再次提出。这方法弥补了施泰因豪斯方法的不足：

第一步，客 1 把蛋糕切成自认为等值的 3 块。

第二步，客 2 有两个选择：

- 如果最大的两块在他看来是一样的，那就什么都不做；
- 如果最大的两块在他看来不一样，那就从更大那块切去一部分，让这两块一样大。切下来的这部分我们称作M，先放在一边。

第三步，按客 3、客 2、客 1 的顺序选择蛋糕，但要遵循一个规则：如果客 2 在第二步中切了一刀，那他切过的这块如果客 3 没有拿，则客 2 必须拿。

第四步，第二步中客 2 切过的那块要么归了客 2，要么归了客 3。我们把拿到这一块的人称作客 N，另外一人称作客 C。由客 C 把小块 M 切成自认等值的 3 块，按客 N、客 1 和客 C 的顺序各选一块。

听起来有点绕，但按照这种方法，每个人都不会觉得自己吃亏。第三步之后，客 1 会拿到自己一开始切出的 3 块中的一块，也就是 1/3。因为按照规则，如果客 2 在第二步把其中一块切小了，那这块要么归客 2，要么归客 3。客 3 第一个选，肯定会选自己觉得最大的那一块，他不会觉得吃亏了。客 2 把自己看来最大的两块切成一样大，且拿到了其中一块。三步之后谁都不会觉得吃亏。多出来的 M 部分怎么办呢？从客 1 的角度说，他拿到的那块已经比客 N 那块大出 M，而与客 C 拿到那块相等，所以在选择 M 切出来的 3 块时，虽然客 N 先选，但不管他选哪一块，在客 1 看来自己还是不吃亏。

---

[1] 我就说过还会提到康威的！

　　有了这些方法，不管有多少朋友，不管是什么蛋糕，都能公平分配。这里就不讨论 N 个人分蛋糕时如何既让所有人都觉得不吃亏，也不会把蛋糕毁掉了，因为这个问题到今天也没有解答！此外，假如还有分黄瓜派的问题，恐怕这时每个人都想要最小的那块……

＊ ＊ ＊

　　"切好啦，感谢巴拿赫和克纳斯特，蛋糕完美分配。大家都满意吗？"

　　"还行，确实分得很公平。不过我刚看到的明明是摩卡蛋糕，怎么碎成酥粒蛋糕啦？"

06

创意桌上游戏

"仙人掌！"

"厉害！"

"斑马！"

"眼力真好！"

"7 阶射影平面！"

"什么？！"

* * *

放假啦！可以把桌上游戏拿出来陪老丈人玩一玩了。《地产大亨》就算了，也别打麻将了，玩点时髦的吧——哆宝。这是艾赐魔袋公司出品的一款桌上游戏，考验人的观察力和反应速度，老少咸宜，但其背后隐藏的数学知识却出人意料地高深。在凡夫俗子眼中，这不过是一堆纸牌，上面有锁、心、雪花等图标，但有心的数学家能从中看出 7 阶射影平面。我们来看看是怎么回事。

与其蕴含的数学原理相比，哆宝的游戏规则很简单，有好几种不同的玩法，但万变不离其宗：每张牌上有 8 个图标，玩家要找出两张牌的相同图标，谁快谁赢。

任意两张牌上有且仅有一个相同的图标，这里面就隐藏着数学原理了。这副牌肯定不是随便印的，要经过精心设计才行。

怎样设计出自己的哆宝牌呢？还要符合两张牌有且仅有一个相同图标的要求。我应该需要多少张牌、多少个图标？能做出 157 张牌的哆宝吗？要回答这些问题只有一个办法：弄懂游戏背后的数学原理！

为什么哆宝有 55 张牌？

原版哆宝牌共有 55 张，每张有 8 个图标，一共有 57 种不同的图标。仔细观察我们就会发现，大部分图标会出现在 8 张牌上，另外十几种图标只出现在 6、7 张牌上。这值得探究。

首先，没有任何一种图标能出现在所有牌上，否则游戏就不好玩了。但从这个细节出发，我们可以计算出最多只能有 57 张牌。

我们取一种图标，比如奶酪，把所有带奶酪图标的牌都放在一边，假设其数量为 R。除了奶酪，这 R 张牌上的其他 7 个图标都不同。如果还有其他相同的图标，即两张牌有两个相同图标了。也就是说，除了奶酪还有 $7 \times R$ 种图标。当然，有些牌没有奶酪的图标。我们拿一张这样的牌，称为 X，上面也有 8 个图标。现在，我们把之前分出来的 R 张牌一张张地与 X 对比，每一张都与 X 有一个相同的图标，而且这些图标互不相同，因为那 R 张牌除了奶酪没有其他相同的图标，所以有奶酪牌的数量最大为 X 牌上的图标数，也就是说，R 最大为 8。

综上所述，有某种图标的牌最多 8 张。我们取一张牌，牌上有 8 种图标。对每一种图标来说，除了取出的这一张牌，最多另有 7 张牌，所以其他牌加起来最多是 $8 \times 7 = 56$ 张，再加上取出的这张，总共最多 57 张。

同理可证，每张牌有 N 个图标的哆宝最多 $1 + N(N - 1)$ 张牌。

那么，为什么市面上售卖的哆宝只有 55 张牌呢？真相真是简单到令人失望：印刷厂一套只能印 60 张，而制作公司又要用 5 张牌来说明不同的玩法，所以游戏没有达到最大牌数。不过，恐怕只有数学家们在意这个问题，好在他们并不是哆宝游戏的目标群体。

哆宝中的射影几何学

哆宝的基本规则是两张牌有且仅有一个相同的图标，这很容易让人联想到几何学的一条基本公理：经过两点有且仅有一条直线。

我们可以把每张牌比作平面上一点，把图标比作平面上的直线。这个类比并不荒谬，因为行得通（图 6.1）。

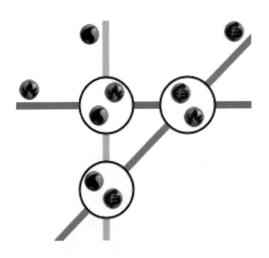

图 6.1 哆宝的几何示意图

每张牌上有 2 个图标，所以最多有 $1 + 2 \times 1 = 3$ 张牌。每张牌即平面上 1 点，而 3 种图标是平面上的直线。

在欧几里得几何（也就是我们在中学学过的几何）中，平面上有无限多个点，经过一点可作无限多条直线。对应到哆宝游戏中就是有无限多张牌，每张牌上有无限多个图标……这种无限的平面包含的点太多了！我们先把平面限制为只有 4 个点，而其他点根本不存在，这种平面叫作有限平面，区别于欧氏几何的无限平面。然后，我们再把这些点横、竖、斜地相连，这样得出的哆宝游戏虽然牌的数量很少，但还是可以玩起来：此时有 4 张牌和 6 种图标（图 6.2）。

在这个只有 4 个点的平面中，我们可以看出每张牌应该有 3 个图标，即 $N = 3$。根据之前的推理，假如每张牌有 3 个图标的话，最多有 $1 + 3 \times 2 = 7$ 张牌和 7 种图标。但是，我们刚刚建立的模型中只有 4 张牌和 6 种图标，其他 3 张牌去哪里了？要回答这个问题，我们要学习一下欧氏几何的"变种"——射影几何。在射影几何中，两条直线永远相交于一点，也就是说，不存在平行的概念。欧氏几何中的平行线在射影几何中相交于无穷远处"地平线"上的一点。

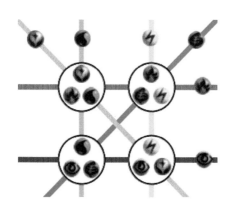

图 6.2　这是仅有 4 个点（4 张牌）的情况

过每点有 3 条直线，粉色直线和绿色直线在本图中没有交点，我们可以认为这两条直线平行，因为它们在此有限平面中不相交。

　　为了让我们的哆宝模型再多 3 张牌，我们需要在图 6.2 中加入平行线的交点。原来设定的几对平行线（紫色与红色、蓝色与黄色、粉色与绿色）也要相交，这样就又多出 3 个交点。要注意，这里所谓的"直线"已经不是通常意义上的直线，而是指通过一些"点"的一种"东西"。德国数学家大卫·希尔伯特曾对学生说过，几何中的"点、线、面"可以被视为"桌子、椅子、啤酒杯"，这不会改变它们之间的关系。所以，我们可以"掰弯直线"，让它们有 3 个新的交点，于是就得到了图 6.3。

　　这样的图形真是毫无美感。重新排布之后，我们可以得到更整齐的 7 点 7 线图，即法诺平面（图 6.4）。

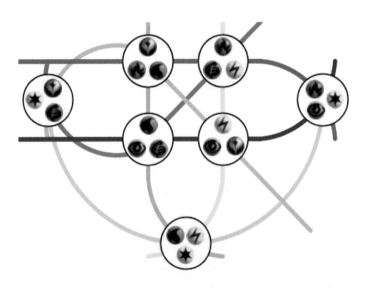

图 6.3　将 3 组平行线弯曲，人为制造 3 个交点，也就是多出 3 张牌

这 3 个点都在无穷远的第 7 条线——"地平线"上。这样哆宝游戏就完整了：7 条直线表示 7 种图标，7 个点表示 7 张牌。

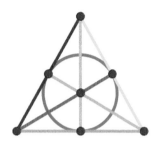

图 6.4　法诺平面

本图与图 3 等效，但更加清楚地表现出点线关系。每条直线（绿色圆也视为"直线"）经过 3 个点，过每个点有 3 条直线。

　　法诺平面是"射影平面"最简单的例子。"射影平面"的定义类似哆宝的游戏规则，需要满足以下三点：

- 经过两点有且仅有一条直线；
- 两条直线有且仅有一个交点（如你所见，射影几何中没有平行的概念）；
- 存在4个点，使得没有直线可以重合两个以上的点。

　　如果平面包含的点有限，则称之为有限射影平面。

　　一副完整的哆宝游戏，每张牌有 N 个图标，共 $1 + N(N-1)$ 张牌，可以视作一个有限射影平面，因为它满足以上三个公理，我们可以把"点"和"线"换成"牌"和"图标"：

- 任意两张牌有且仅有一个相同的图标；
- 任意两种图标只会同时出现在一张牌上；
- 任意4张牌，其共同图标两两不同（否则就不好玩了）。

图 6.1 所示的哆宝只有 3 张牌，每张牌 2 个图标，这并不能视为有限射影平面，因为不满足第三条公理。如果再加一张牌，做出最多 7 张牌的哆宝，就完整了。

如果想要牌上有更多图标，首先要让有限射影平面包含更多的点。其实，我们对最大牌数的推理也适用于有限射影平面，并且可以由此得出：对一个有限射影平面，总有整数 N，使得：

- 射影平面包含 $1 + N(N-1)$ 个点；
- 射影平面包含 $1 + N(N-1)$ 条直线；
- 每条直线有 N 个点；
- 经过每个点有 N 条直线。

好，现在让我们来建立更多的有限射影平面，制造更多的哆宝游戏吧！

让我们做一套哆宝！

想建立更大的有限射影平面，我们就要推广法诺平面的构建方法。我们刚才从图 6.2 出发，图中的平面由 2×2 的点阵构成，得到 2 阶射影平面。所以，3 阶射影平面就要从 3×3 点阵开始（图 6.5）。

现在，我们要画出所有的直线，让每条直线经过 3 个点。这里我们要用个小窍门，再次修正直线的概念。如果平面由有限多个点构成，数学上

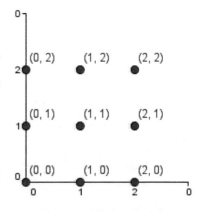

图 6.5　3 阶有限（非射影）平面

可以证明[1]，从平面一边出去的线会从另一边回来。从某种意义上说，可以把平面视为"圆形"或者"环形"。于是，我们能得到 12 条直线，每 3 条平行线为 1 组，一共 4 组（图 6.6）。在我们构建的这个平面中，经过 9 个点中的每 1 点有且仅有 4 条直线。如果每条直线代表一种图标，那我们就做出了一套有 9 张牌、12 种图标、每张牌上有 4 个图标的哆宝。

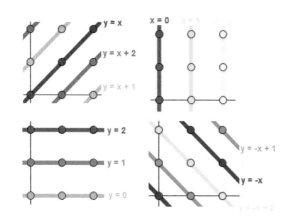

图 6.6　从 9 个点出发，我们可以画出 4 组平行线，每组 3 条

平行线斜着的时候，有些直线被分成了几段。我们可以用（仿射）方程来描述这 12 条直线。

我们还可以更进一步。根据前述的理论，如果把这个平面改成射影平面，就能有 13 张牌。为此，让每组平行线都相交于"无穷远"处一条直线上的一点即可。这样一来，又得到 4 个新的交点和 1 条新的直线

---

① 我们构建的就是 F_3^2 平面，表示是从 F_3 这个域构建的平面。所谓"域"，就是可进行加、减、乘、除运算的代数结构。全体实数即构成一个域。F_3 也是一个域，但它只有 0、1、2 这三个数，其中的加法和乘法与普通运算一样，但只保留运算结果除以 3 以后的余数。比如，在 F_3 这个域中，可以说 $2+1=0$。

（图 6.7 和图 6.8）。这套完整的哆宝共有 13 张牌，共有 13 个图标。

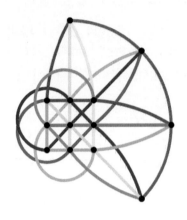

图 6.7　3 阶射影平面示意图

3 阶射影平面通过 3×3 的点阵构建得出。此平面有 13 个点和 13 条线，每条线经过 4
个点，经过每点有 4 条直线。

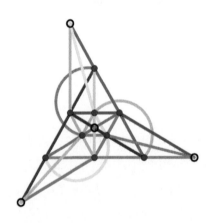

图 6.8　调整点的位置之后，得到更整齐的 3 阶射影平面

最中心的点和最外面的 3 点在一条直线上，为了避免混乱，图中没有画出这条直线。如果每
条直线代表一种图标，我们从这个结构可以得出一套小型哆宝，每张牌上有 4 个图标。

现在，让我们做一套更大的哆宝！

上述构造法很容易推广，但阶数 q 必须是质数，也就是说，我们可以通过 2×2、3×3、5×5、7×7、11×11 等点阵来构建。如果阶数 q 不是质数，则不能保证所有直线都经过点阵中的 q 个点（先不算无穷远处的交点）。不信你画个 4×4 的点阵试试。

比如，$q = 5$ 时，我们可以从 5×5 的点阵出发，先画出 6 组平行线，每组 5 条（图 6.9），再加上平行线在无穷远处的交点，即得到 31 个点和 31 条线的射影平面。

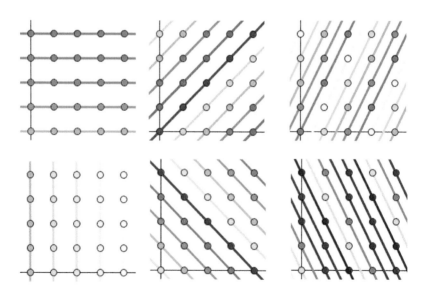

图 6.9　5 阶射影平面含有 30 条直线，分为 6 组，每组 5 条直线

我在这里就不画 5 阶射影平面的示意图了，画出来也乱得没法儿看。好在我们还可以用代数方法来描述。细节就不详细叙述了 [1]，对任意一条直线，可通过计算得出它经过哪些点。表 6.1 列出了所有点的坐标和所有直线的方程，可以得出 31 张牌中的每一张有哪 6 种图标。

表 6.1　由此表得出 5 阶哆宝的 31 张牌，5 阶哆宝就是市场上的儿童版哆宝

		(0,0)	(0,1)	(0,2)	(0,3)	(0,4)	(1,0)	(1,1)	(1,2)	(1,3)	(1,4)	(2,0)	(2,1)	(2,2)	(2,3)	(2,4)	(3,0)	(3,1)	(3,2)	(3,3)	(3,4)	(4,0)	(4,1)	(4,2)	(4,3)	(4,4)	P0	P1	P2	P3	P4	P6
																											图中交点→				无穷远处交点→	
31个图标	y=0	X					X					X					X					X					X					
	y=1		X					X					X					X					X				X					
	y=2			X					X					X					X					X			X					
	y=3				X					X					X					X					X		X					
	y=4					X					X					X					X					X	X					
	y=x	X						X						X						X						X		X				
	y=x+1		X						X						X						X	X						X				
	y=x+2			X						X						X	X						X					X				
	y=x+3				X						X	X						X						X				X				
	y=x+4					X	X						X						X						X			X				
	y=2x	X							X							X		X							X				X			
	y=2x+1		X							X		X							X							X			X			
	y=2x+2			X							X		X							X		X							X			
	y=2x+3				X		X							X							X		X						X			
	y=2x+4					X		X							X		X							X					X			
	y=3x	X								X			X								X			X						X		
	y=3x+1		X								X			X			X								X					X		
	y=3x+2			X			X								X			X								X				X		
	y=3x+3				X			X								X			X			X								X		
	y=3x+4					X			X			X								X			X							X		
	y=4x	X									X				X				X				X								X	
	y=4x+1		X				X									X				X				X							X	
	y=4x+2			X				X				X									X				X						X	
	y=4x+3				X				X				X				X									X					X	
	y=4x+4					X				X				X				X				X									X	
	x=0	X	X	X	X	X																										X
	x=1						X	X	X	X	X																					X
	x=2											X	X	X	X	X																X
	x=3																X	X	X	X	X											X
	x=4																					X	X	X	X	X						X
	无穷直线																										X	X	X	X	X	X

综上所述，如果 q 是质数，从 $q \times q$ 的点阵出发，得到的哆宝共有 $q^2 + q + 1$ 张牌和 $q^2 + q + 1$ 个图标，而且每张牌上有 $N = q + 1$ 个图标。从 7×7 的点阵出发，我们可以做出 57 张牌的哆宝，每张牌有 8 个图标，这也就是标准版本。现在理论都有了，你可以用 11×11 的点阵做

---

[1]　点的坐标形如 (x, y)，其中 x 和 y 都是 0 到 4 之间的整数。线的方程如果是 $x = b$ 的形式，则表示竖直线，其他则是 $y = ax + b$ 的形式，其中 a 和 b 都是 0 到 4 之间的整数。另外，每组平行线在无穷远处有一交点，无穷远处还有一直线，所以一共有 31 个点和 31 条直线。可通过方程确定哪条线经过哪个点。比如 $y = 2x + 1$ 这条直线经过 $(1, 3)$ 这个点，因为 $3 = 2 \times 1 + 1$。这条直线也经过 $(2, 0)$ 这个点，因为 $0 = 2 \times 2 + 1$。由于 5 阶平面是"环形"的，5 和 0 是同一个数。

出 133 张牌、每张牌 12 个图标的哆宝。加油！

还有更多的哆宝吗？

如果阶数 q 不是质数呢？那就得分类讨论了。

如果 q 不是质数，但可以表示为质数的乘方，比如 $q = 4 = 2^2$、$q = 8 = 2^3$、$q = 9 = 3^2$ 等，那么以上的直线法稍做修改还能适用。种种细节我就不说了，这需要很深奥的有限域理论。于是，阶数 $q=9$ 时，做出的哆宝有 91 张牌，每张牌 10 个图标。

问题在于，直线法并不是构造有限射影平面的唯一方法。通过别的方法，我们可以得到完全不同的射影平面，称为非笛沙格平面。9 阶有限射影平面除了直线法构造的，还有另外 3 种完全不同的。

如果 q 既非质数，也不能表示成质数的乘方，如 6、10、12 等，还没有规则可循。但可以肯定的是，直线方程法不适用。

$q = 6$ 时，此问题无解，即不存在 6 阶射影平面。1901 年，加斯顿·特里在证明欧拉 36 军官问题[①] 无解时也就证明了这一点。换句话说，每张牌有 7 个图标的哆宝做不出来。

而对于 $q = 10$ 的情况，即 10 阶射影平面，加拿大数学家林永康（Clement Lam）在 1991 年验证了 111 种图标和 111 张牌的所有组合，发现没有一种能对应于有限射影平面。当然，他不是靠人工计算，而是借助于计算机。其结论无可辩驳：10 阶射影平面不存在。所以，每张牌 11 个图标的哆宝就别想啦！

$q = 12$ 时，我们只知道一件事，那就是我们什么都不知道！ 157 张牌、

① 欧拉 36 军官问题：6 个不同军团各派出 6 位不同军衔的军官，排成 6×6 的方阵，要求每行、每列的军官都来自不同军团，而且军衔也不同。就连伟大的数学家欧拉也没能证明此问题无解。

每张牌 13 个图标的哆宝还没有研究出来（表 6.2）。读者们可以自己尝试一下！对于更大的非质数 q 值，如 15、18、20 和 42 等，问题一样尚待解答。

总而言之，在我看来，有限射影平面加上雪屋和龙的图标，其唯一的用处就是哆宝了。

表 6.2 已知哆宝一览

阶数 q	每张牌图标数 / 每种图标牌数	图标种类数 / 总牌数	已找到的哆宝（q 阶射影平面）个数
1	2	3	1
2	3	7	1（法诺平面）
3	4	13	1
4	5	21	1
5	6	31	1（儿童版哆宝）
6	7	43	0（36 军官问题）
7	8	57	1（标准版哆宝）
8	9	73	1
9	10	91	4（其中有 3 个非笛沙格平面）
10	11	111	0
11	12	133	至少 1 个（尚未发现任何非笛沙格平面）
12	13	157	尚待解答

＊ ＊ ＊

"胡萝卜！"

"厉害！"

"雪屋！"

"眼力真好！"

"7 阶射影平面！"

"太简单了，没难度！"

07

挂不上墙的神作

"哟，还拿了一幅画啊，何必这么客气呢！这画的是什么？"

"你的肖像啊！我画的是你骑着一只独角兽。"

"啊，还真是我。我都没认出来……挂哪里呢？弄坏了就可惜了……"

* * *

你刚买了一幅大师作品，想挂在客厅里显摆一下。你要用两个钉子绕着线把画挂起来，这样哪怕一个钉子掉了，还有另一个钉子，画也不会掉下来。

这明显没问题啊。其实不然，有特殊的绕线方法，能让画在抽出一根钉子时就掉下来。继续阅读以前，你不妨自己试试，看能不能找到这种方法。

一幅画，两枚钉

挂画问题最早出现于数学及物理学杂志《量子》中。1997 年，一个叫 A. 斯皮瓦克的人第一次提出了钉子挂画问题。2014 年，一群美国数学家和计算机学家决定深入研究，这个问题再度受到关注。研究者包括：在折纸和气球造型等方面有许多数学研究的马丁·德迈纳和埃里克·德迈纳父子，最重要的加密算法——RSA 加密法的发明人之一罗纳德·里维斯特，亚伊尔·明斯基、约瑟夫·米切尔和米哈伊·帕特拉什库。他们六人证明了挂画问题中一些很有难度的定理。

让我们回到最初的问题（称为问题 1）：墙上有两枚钉子，如何绕线才能挂住画框，但在抽出一枚钉子时，画就掉下来？下面就来解答。两枚钉子记为 G 和 D，先让绳子从 G 上方通过（顺时针绕一圈），然后再从 D 上方通过（也是顺时针绕一圈），再拉回来从 G 上方通过（这次是逆时针绕一圈），最后绕 D 一圈（也是逆时针方向）。这样一来，绳子在每个钉子上绕了两圈，顺时针和逆时针方向各一圈（图7.1）。如果抽出一根钉子，似乎靠另一根钉子还是能挂得住。其实不然，因为两次缠绕的方向相反，等于没有绕，画会掉下来！

这种不稳定的绕线方式可以类比于纽结理论中的博罗米恩环，即三个互锁而不可分的圆环，但如果其中一个圆环消失，另外两个也随即分开。与其说两者类似，不如说是从两个不同角度看到了同一个现象（图 7.2）。

图 7.1 问题 1 的解法

这幅"难看"的画是文艺复兴时期的作品《圣母抱子》,作者是多梅尼科·韦内齐亚诺,创作于 1447 年之后,现藏于华盛顿国家美术馆。画框用两个钉子挂得稳稳的,但如果抽出一根钉子,在重力的作用下,它必然坠落。这种缠绕方式可记为 $gdg^{-1}d^{-1}$。

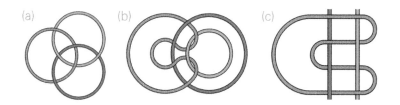

图 7.2 博罗米恩环及其变形

(a) 博罗米恩环的每个环都在另一个环之下,又在第三环之上。(b) 改变环的形状,可以看出,博罗米恩环等效于两个同心环用绳子穿起来。(c) 进一步变形,可以把环变成杆。从侧面看,把两根杆当作两枚钉子,这就是问题 1 的解。

一幅画，三枚钉，再来点代数拓扑学

我们再增加点难度：如果有 3 枚钉子，如何绕线才能让画在抽出任意一根钉子时掉下来（问题 2）？

研究这个问题要用到一个特别的数学领域——代数拓扑。可以说，拓扑学是几何学的一个分支，主要研究物体的形状。而代数拓扑就是用代数工具来研究这些形状，找出其中的结构，并定义不同的操作，其特长就是给纽结分类。

代数拓扑中很重要的一条是：基本群 $R^2-\{G,D\}$ 与双生成元自由群同构。我这么说了等于没说。我们来梳理一下其中的意思。

一方面，所谓基本群 $R^2-\{G,D\}$，不过是"把绳子绕在 G 和 D 两枚钉子上的所有方法"的高级说法而已。另一方面，双生成元自由群是个纯代数概念，具体细节就不详说了。我们可以将其视为一个集合，其元素是有限符号串，符号可随意选择，如 g 和 d，代表两个生成元，其逆元记为 g^{-1} 和 d^{-1}。于是，$gdg^{-1}d^{-1}$、$dd^{-1}g^{-1}ggd^{-1}g$ 或 $dggd^{-1}g^{-1}g^{-1}$ 这样的表达式都是这个双生成元自由群中的元素。此群还有一个特殊的元素，由 0 个符号构成，称为"1"。另外还要注意的是，逆元的逆元也就是生成元本身，也就是说 $(g^{-1})^{-1}=g$。

在一个自由群中，符号的顺序有意义，所以 gd 和 dg 是不同的。知道这些之后，我们再来看看表达式的简化规则：如果某生成元及其逆元前后相连，则互相抵消。比如，表达式 $g^{-1}g^{-1}dd^{-1}gd$ 可简化为 $g^{-1}g^{-1}gd$，又进一步简化为 $g^{-1}d$。不可再简化的表达式称为"规范式"。

代数拓扑学家告诉我们，每一种绕线方式对应双生成元自由群中的一个元素。按以下规则记录：g 和 d 分别对应顺时针绕钉子 G 和 D 一圈，而其逆元 g^{-1} 和 d^{-1} 即表示逆时针绕一圈，所以，图 7.1 中的绕

线方法可表示为 $gdg^{-1}d^{-1}$。

拿掉某个钉子，相当于把表达式中相应的符号去掉，如果表达式最终可简化为"1"，就意味着画会掉下来。以 $dggd^{-1}g^{-1}g^{-1}$ 为例，如果拿掉钉子 D，则表达式变为 $ggg^{-1}g^{-1}$，最终可简化成 1，也就是说，画会掉下来；而如果拿掉钉子 G，表达式变为 dd^{-1}，也能简化成 1，画也会掉下来。

让我们回到问题 2：现在有 3 个钉子（记为 G、M、D），所以要考察一下 3 个符号（g、m、d）的自由群。要让画掉下来，就是要找出 3 种符号组成的规范式，无论去掉哪种符号，最终都能简化成 1。其实用不了几分钟就能得出答案。这样的表达式有很多，比如 $gmg^{-1}m^{-1}dmgm^{-1}g^{-1}d^{-1}$。试试看，去掉任何一个字母，表达式都会简化为 1（图 7.3）。

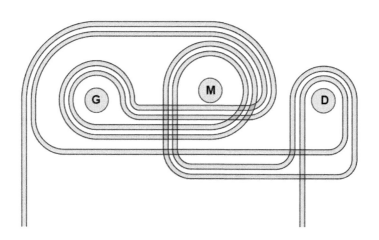

图 7.3 问题 2 的解法，对应的表达式为 $gmg^{-1}m^{-1}dmgm^{-1}g^{-1}d^{-1}$

一幅画，许多钉，更多的代数

让我们更进一步吧！ 4 枚钉子的时候有没有满足要求的绕线法呢？也就是德迈纳他们提出的问题 3。

德迈纳的团队在其文章中一共提出了 11 个类似的问题。比如，有 4 枚钉子，两蓝两红，如何绕线才能使得在拿掉两枚蓝钉或一枚红钉时，让画掉下来？这是问题 4。

为了回答这些问题，要用到群论的特殊工具——交换子（或换位子）。对于某群中的 A 和 B 两元素，其交换子为表达式 $ABA^{-1}B^{-1}$，记为 $[A, B]$[①]。实际上，g 和 d 的交换子 $[g, d] = gdg^{-1}d^{-1}$ 就是最早提出的两钉问题的解。交换子有两个好处，首先，拿掉 A 或 B 中的任意一个，表达式都能简化成 1。而且，A 和 B 可替换成表达式。比如，设 $A=gmg^{-1}m^{-1}$ 且 $B=d$，则交换子可写为 $gmg^{-1}m^{-1}d(gmg^{-1}m^{-1})^{-1}d^{-1}$。其中 $(gmg^{-1}m^{-1})^{-1}$ 表示 $gmg^{-1}m^{-1}$ 的反演，即能把后者简化为 1 的表达式。在实际计算中，表达式的反演可这样获得：从右往左倒着写要反演的表达式，并将每个符号替换为其逆元。所以，$(gmg^{-1}m^{-1})^{-1}=mgm^{-1}g^{-1}$。最后，在交换子 $[A, d]$ 中，如果 A 是两钉问题的解，那么此交换子可写为 $gmg^{-1}m^{-1}dmgm^{-1}g^{-1}d^{-1}$。这正是三钉问题的解！

所以，四钉问题的解法也有了，只要写出交换子 $[S, x]$ 的表达式即可，其中 S 是三钉问题的解，由 g、m 和 d 组成，x 表示新加的第 4 枚钉子 X，最终所得的表达式有 22 个符号（图 7.4）。这种方法还可推广到 5 枚钉子甚至更多，但并不保证得到的是最简单的解。实际上，如果用更高级的 $[[g, m], [d, x]]$ 形式，四钉问题的解可以只有 16 个符号。

① 很容易验证 $[A, B]=1$，当且仅当 $AB=BA$，即 A 和 B 点可交换的。——译者注

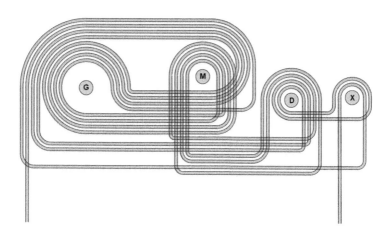

图7.4 问题3——四钉问题的解

拿掉4枚钉子中的任意一枚，画都会掉下来。绕线方式对应的表达式为：$[[[g, m], d], x] = gmg^{-1}m^{-1}dmgm^{-1}g^{-1}d^{-1} xdgmg^{-1}m^{-1}d^{-1}mgm^{-1}g^{-1}x^{-1}$。还是别在家尝试了，稍有差错都会弄得乱七八糟！

红蓝钉问题也可用交换子来解。b_1 和 b_2 表示两个蓝钉（blue），r_1 和 r_2 表示两个红钉（red），只要把 $[b_1b_2, [r_1, r_2]]$ 展开就可以（图7.5）。

六位研究者还证明了一个十分惊人的结论：无论有多少钉子，有怎样的要求，总能找到解法。当然也有限制——提出的要求不能自相矛盾，比如，不能要求拿掉1枚钉子时画掉下来，而拿掉2枚钉子时画却还能挂住。想想便知，假如拿掉一枚钉子时，画就掉下来了，不可能在拿掉第二枚钉子后，画又自己挂回去。

不自相矛盾的充要条件是，它能写为"单调布尔函数"的形式，这是布尔逻辑中的概念。在钉子挂画问题中，意味着只能用"拿掉钉子 X""画会掉下来"等语句，加上连词"且""或"来提出要求，而不能用"不拿掉钉子 X"之类的语句。

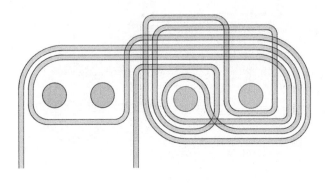

图 7.5　红蓝钉问题的解

拿掉两枚蓝钉或一枚红钉时，画会掉下来。其解的表达式为 $[b_1b_2, [r_1, r_2]] = b_1b_2r_1r_2r_1^{-1}r_2^{-1}b_2^{-1}b_1^{-1}r_2r_1r_2^{-1}r_1^{-1}$。

问题 2 可写为单调布尔函数的形式，即"拿掉钉子 G，或拿掉钉子 M，或拿掉钉子 D，画会掉下来。"同样的，也可以把问题 4 写成："拿掉钉子 B_1 且拿掉钉子 B_2，或拿掉钉子 R_1，或拿掉钉子 R_2，画会掉下来。"德迈纳父子及其团队证明的，正是这些"且"和"或"都有合适的表达式，于是，所有的挂画问题都有解。他们提出的第 11 个也是最后 1 个问题：有 6 枚钉子，2 红 2 蓝 2 黄，拿掉至少 2 枚不同颜色的钉子时，画会掉下来。这个要求可写为单调布尔函数的形式，所以此问题有解，但这个解很难实现，因为其规范式的符号有 320 个之多。

虽然找到了通解，但挂画问题依然有许多谜题。尤其是，我们仅用代数方法考虑了钉上绕线的情况，却没有考虑自缠绕的情况（图 7.6）。如果允许自缠绕，许多解就能大大简化，但具体能简化到何种程度，目前还不清楚。唯一能确定的是，从此挂画方法将大不同。

图 7.6 问题 4 的另一种解法——自缠绕

允许自缠绕能大大简化绕法，还可推广到更多钉子。如果拿掉 4 枚钉子中的 1 枚，这幅怪不忍睹的古画就会掉下来。(《骑海豚的阿里翁》，据传是弗朗切斯科·比安基·费拉里所作，现存英国牛津阿什莫林博物馆。)

* * *

"好，我把你的画像挂起来啦。你看，线绕在 4 根钉子上，如果这样还能掉下来，那真是邪门了。"

"是啊……那我应该谢谢你咯？"

08

认识地球的形状

"亲爱的朋友们,是时候让世界知道真相了。地球是平的!各国政客骗了我们。证据就在眼前!要不然美国国家航空航天总局为什么总要修改太空照片?如果地球转得这么快,我们怎么可能察觉不到?海水为什么和海底地形不一致?这些问题谁都回答不了……"

"等等,我以为地球是中空的,里面有个太阳,有另一个文明,应该是爬虫人。"

"不对,地球不可能既是平的又是中空的,你别胡扯了。"

* * *

正方形,对大多数人和数学家来说,是一个四角为直角、四边相等、对边平行的多边形。而拓扑数学家眼中的正方形则完全不一样。他不在意边啊、角啊、平行啊什么的,对他来说,这些都是几何概念。正方形在他眼中是一条线,沿着这条线一直走会返回起点。有没有拐弯也不重要,这不是他要研究的问题。正方形的拓扑学定义也适用于其他形状，如长方形、三角形、圆形等。

换句话说，在拓扑学中，我们可认为正方形和圆形在某种程度上就是一种东西，它们"拓扑等价"，或者说得更专业一点，它们"同胚"。具体的定义我就不细说了，我们只要知道，如果拓扑学家说"两拓扑空间同胚"，无非是用更精确的方法说明他正在研究的两个形状大致相同。所以，人们常说拓扑学是"橡胶几何学"：如果一个物体能变形成另一个物体，那它们就是同一个物体。

因此，拓扑学可以阐述为：去掉所有几何性质后，再对几何形状进行研究的科学。拓扑学的有趣之处在于，其研究方法可以让我们了解地球到底是什么形状。

让我们问得更准确一些：地球表面是什么形状？有些人会说地球是圆的，另一些人会说地球不是圆的，两极稍扁——从拓扑学来看，这其实是一回事。有些人要小聪明，会说地球不是圆的，而是球形。其他要小聪明的人会反驳说，地球是土豆形的。在历史上，某些宗教非要说地球是平的，谁敢反对就要受惩罚。

最后这种说法在很久以前就被许多物理实验驳倒。但从拓扑学来看，说地球是平的，并不完全是无稽之谈。地球也可能是其他形状，考虑过所有情况之后再定论比较稳妥。地球到底是什么形状呢？在讨论我们生活的星球之前，我们先看看其他的世界，比如电子游戏中的世界。

马里奥兄弟的星球

第一个有趣的例子，是任天堂公司在 1985 年发行的游戏《超级马里奥兄弟》中的第一关。从拓扑角度看，这个世界是什么样呢？

第一个要点就是这个世界有两个维度，可在左右和上下两个方向上移动（上下方向可跳起再落下）。马里奥在纵深方向上无法做任何动作，所以游戏被限制在二维中。第二个要点是，马里奥的世界有边界，左右两边都有看不见的墙，无法通过；也不能钻进地底下——先不考虑地洞，马里奥掉进洞里就死了，而地洞那一关是另一个世界；屏幕的上沿，即天空，也可视作一个界限。在这个世界中，我们留着小胡子的主人公被限制在 4 条无法逾越的边界内。于是，他从某一点出发，总会在某处被挡住，不可能想走多远就走多远。这时，我们说此空间是"紧空间"①。

总之，《超级马里奥兄弟》的第一关展现了一个二维紧空间，只有一个边界，可类比于长方形所占空间。从拓扑角度说，这一空间在变形之后，也可被视为正方形，甚至圆盘（图 8.1）。

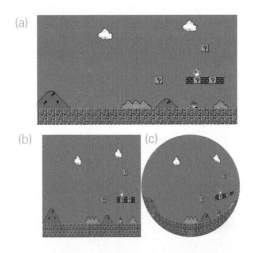

图 8.1 《超级马里奥兄弟》中的第一关空间

游戏中有少数几个关卡不是这样的。第一关的空间是长方形 (a)。变形之后，我们可以把它视为正方形 (b) 或圆盘形 (c)。

---

① 拓扑学中空间紧性的严格定义要比这复杂一千倍，细节就不详说了。

　　我们再来看一个复杂点的例子。1983 年发行的街机版《马里奥兄弟》游戏中，马里奥和路易吉的空间就屏幕那么大，他们的目标是消灭其中所有敌人，如乌龟、螃蟹等，尽量多得分，然后进入下一关。这次，二人依然是在上下和左右两个维度上动作。

　　街机版《马里奥兄弟》的特别之处在于，如果从左边走出去，还能从右边走回来，反之亦然，因此说不上有什么边界。我们可以认为左右两边是一回事，而上下倒是有边界。这个空间依然是紧空间，因为不管往右走多远，最终还是会回到起点，也就是说，不可能离起点任意远。从拓扑学上看，可以说马里奥和路易基所在的空间是圆柱面。

　　为了便于理解，我们可以把屏幕想象成一张纸，在左右两边设置一些粘合点（数学性粘合，让两个拓扑空间能完美连接），然后把它卷起来，让左右两边对接，这样我们就得到了一个圆柱面，也能看出为什么马里奥兄弟从屏幕一边出去，马上就能从另一边回来。马里奥兄弟以为自己住在二维世界，其实他们所在的空间是一个圆柱面（图 8.2）。

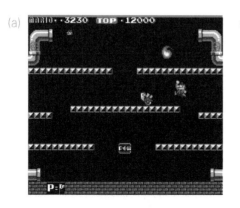

图 8.2　街机版《马里奥兄弟》的界面可视为左右两边等同的正方形 (a) 或者圆柱面 (b)

　　总之，街机版《马里奥兄弟》的空间是一个二维紧空间，有两个边界。根据不同的观察方法，这个空间可视为一个左右两边等同的正方形，也可视为一个圆柱面。

　　游戏世界还存在其他形状，比如 1979 年发行的街机版射击游戏《小行星》。在游戏中，宇宙飞船要消灭从四面八方飞来的小行星。这个游戏依然是二维的，飞船可以上下、左右移动。但游戏中的宇宙没有边界，如果飞船从屏幕右边飞出去，马上又会从左边飞回来，如果从上边飞出去，又会出现在屏幕底下，反之亦然。所以，这个空间依然是紧空间，因为飞船不可能飞离出发点任意远。

　　从拓扑学上看，我们可以说这个空间是环面，好像一个甜甜圈，或者救生圈，或者自行车内胎的表面。我们还是用纸来帮助理解。把屏幕当作弹性纸，先把左右两边对接，得到一个圆柱面。这时上下两边，即圆柱面的顶边和底边，是两个圆。再把这两个圆对接起来，圆柱面就变成了环面。

　　简而言之，街机版《小行星》游戏的界面是一个无界二维紧空间。根据观察方法不同，可视为对边等同的正方形，或者环面。

《马里奥赛车》的星球

　　正方形的对边可以等同，但怎么个两两等同法儿呢？

　　我们再以界面为圆柱面的街机版《马里奥兄弟》为例。可以想象，马里奥在地上走着，从屏幕右边出去，又从左边回来，不过头朝下，脚在天花板上。然后走着走着，他又从右边出去了，这次脚着地从左边回来。这个假想的界面可视为正方形左右两边等同但方向相反。在这种情况下，天花板和地面无法区分，它们是同一边界。从几何学上看，可以说这个界面是一个莫比乌斯环。

　　莫比乌斯环可简单地用纸条做出，只要把纸条的一边翻转半圈，然后和另一边相接即可。仔细研究一下莫比乌斯环的细节，你就会发现它有着许多惊人的性质（图 8.3）。

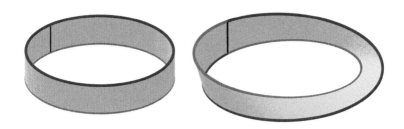

图 8.3　莫比乌斯环（右）可由环形（左）获得，只要把环形剪开，
然后把两边反向相接即可

　　首先，莫比乌斯环只有一条边界。用手指沿边缘绕一圈，就会发现虽然回到了起点，却是在起点的对面，再绕一圈才能绕完全程，回到原来起点。

　　不仅如此，莫比乌斯环也只有一个面。用手指沿着"外表面"绕一圈，会回到起点，不过是在"内表面"。其实，莫比乌斯环没有所谓"外表面"和"内表面"，因为就是一个面！在《马里奥赛车 8》中，有一条赛道就是莫比乌斯环，因为车开到半程时会回到起点线，不过是在路的另一边。

　　沿着中线把莫比乌斯环剪开，不会得到两个莫比乌斯环，而是一个有两面的普通环。原因很简单：剪的动作增加了一条边界。由此得到的表面是一整块——上下两边总是一样长，但有两条边界，也就是一个普通的环形（图 8.4）！

　　正方形的边还能通过其他方式对等，能得到和莫比乌斯环一样奇异的几何体[1]。说也说不完，我就不说了。

---

[1]　如克莱因瓶或伯伊曲面。和莫比乌斯环一样，这些拓扑空间都只有一个面，但它们无法在三维空间中完美呈现，所以比较难以想象。

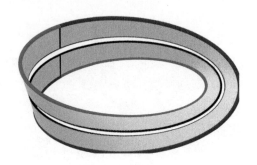

图 8.4　剪开莫比乌斯环

如果沿着中线把莫比乌斯环剪开，得到的形状有两条边界，一条是原来莫比乌斯环的边界（红、蓝色），另一条是剪开线（黑色）。

拓扑学家看地球

让我们回到地表形状的问题。可以肯定的是，我们星球的表面在总体上是一个二维拓扑空间，更准确地说，是数学家所称的"二维流形"。这意味着，星球表面上所有的点都被一个点圆盘围绕，这个点圆盘可以变形，也可以很微小。在实际情况中，这意味着无论我们在流形上何处，只要我们足够小，流形在我们看来就像平面。在这个表面上，可沿两个方向移动，即有两个维度。除了两极，我们总能沿南北方向和东西方移动。如果还有上下方向，那就有了第三维，但这里讨论的只是地球表面，所以不涉及第三维。

第二个要点，也是我们经常忘记的要点，就是地球表面是可定向面，也就是说，如果我从某处（如巴黎）出发，绕地球几圈最后回到起点，不管路线如何，都不可能头朝下、脚贴地走回来。如果地球表面是莫比乌斯环，这种情况就有可能，那也太怪异了。所以，地表形状肯定不是莫比乌斯环，也不是任何含有莫比乌斯环的表面。

第三个要点是连通性：无论我们在地表哪一点，总可以在不离开地表的情况下到达其他任意一点。地表是连通的，是一整片。月球表面就不是地球表面的组成部分。

最后一个确定地表拓扑性质所需的要点——其实，15 世纪到 16 世纪的探险家早已经发现了这一点——紧致无界。所以，地球不是平的！地表没有边界，因为哥伦布从未到过一个地方，从那里再往外什么也没有，而如果地表是圆盘或圆柱面，就会存在那样的地方。地表是紧空间，因为麦哲伦最远只能离开出发点 2 万公里左右，而如果地表是无限长的平面或条带，他就能走得更远。

所以，地球表面是可定向、紧致、连通、无界的二维拓扑空间。刚好有一个定理研究此类情况——"可定向、紧致、连通、无界二维拓扑流形分类定理"。这个名字是不是很有创意？顾名思义，这个定理要找出所有符合这些要求的表面，而可能性并不多，只能是球形（或其变形）、环形或者多环形。

拓扑学家可以得出的结论是，地球可能是球形，但也可能是环形或者几个环形相连。虽然他们对没人想过的问题给出了完全不能令人满意的答案，但我们还是要感谢他们！

* * *

"欢迎来到'地球形状阴谋论'大会。讨论会'美国国家航空航天总局如何隐瞒地球是平的这一真相'将于 10 点在阶梯教室 B 举行。11 点是报告会'地球中空，我有证据！'。13 点 30 是报告会'地球形如烟熏三文鱼面包圈'，证明我们的地球是环形，首次揭秘，不要错过。今天最后一场讨论会是'地球是莫比乌斯环'，将于 15 点 30 举行，您将听到不可思议的故事：一个人环绕地球一圈却没有回到起点。"

09

认识宇宙的形状

　　"你知道吗，如果在宇宙中一直往右走，可能某天就走回地球啦。"

　　"啊？不对吧，宇宙是无限的啊……"

　　"还有，可能回到地球之后，柠檬变橙子味儿了，橙子变成柠檬味儿了！"

　　"你就瞎扯吧。"

＊　＊　＊

　　我们已经大致研究过地球表面的形状，那让我们把目光放远一点：宇宙是什么形状呢？这其实提出了两个不同的问题——宇宙有什么样的几何，以及宇宙有什么样的拓扑。宇宙的几何学研究的是空间的弯曲，比如两点之间是不是直线距离最短，三角形内角和是多少度，等等。所以，几何关心的问题是宇宙在每一点处的局部形状。而研究宇宙形状的另一种方法是探索宇宙的总体外形。比如，我们可以推测宇宙是无限的，但这其实没有回答总体外形的问题，因为有很多种拓扑形状都是无限的。那么，宇宙从总体上看到底是什么形状？宇宙从外面看起来是什么样子？我们生活在一个三维世界，所以只要离地球远一点，就可以看出地球表面这个二维面是球面，而不是环面。然而，如果想用同样的方法去看宇宙的形状，那就要到宇宙外面去——这根本就是不可能的。而真正无法逾越的困难是，我们必须要在四维空间中才能看清宇宙的拓扑。活在三维空间的人类，能做的也只有假设了……有些假设看起来很荒谬，但并非不可能。

宇宙是三维面包圈吗？

我们要问的第一个问题是：宇宙是无限的吗？大家都倾向于肯定的回答，因为在宇宙中一直往右走，走着走着撞到墙的概率很小。此时，宇宙有 R^3 空间的拓扑。这个空间也就是我们在学校学过的三维空间，每一维都无限延伸。相反地，我们可以假设宇宙并非无限，而且有界。这时，我们就要把宇宙视为巨大球体的内部，或者巨大环形的内部，再看看其表面有哪些可能的拓扑。我们会得出与地表一样的结论，因为要满足的假设也是一样的。

但是，有没有一种拓扑，有限却无界呢？不仅有，而且有很多。

为了便于理解，我们来做一次数学幻想吧。假设宇宙是巨大立方体的内部，立方体称为宇宙的"基本域"。这个立方体有 6 个面。可以想象，如果有人穿过立方体的一面，就会进入另一个宇宙，后者与第一个宇宙完全一样。这些宇宙有无穷多个，每个都一样，一个个堆起来。此时，如果我穿过立方体宇宙的右侧面，那么左边宇宙中的"我"也会穿过一个面。既然所有宇宙都一模一样，那么我们可以认为只有一个宇宙，而穿过一个面就是"瞬移"到相对面的同一位置。如果我站在这样的拓扑空间中，就能观察到前后、左右、上下都有一样的我，无穷无尽。

立方体宇宙可以和游戏《小行星》中对边两两等同的世界做一个类比。从拓扑学上说，这个游戏中的二维世界可被视为三维空间中的环面。立方体宇宙在更高维度中也是环，即所谓"超环"。这个假说看似怪异，却并未被物理观测否定。

假设宇宙是一个三维的环。我在地球上拿望远镜看向某个方向，一颗星似乎特别遥远，但它可能就是太阳！太阳朝各向发光，可以经过不同路径到达望远镜，有些光线甚至绕宇宙一圈。换句话说，在环形宇宙中，一个光源能够成好几个不同的像。物理学家称之为"拓扑幻象"，类似于在挂满镜子的房间里看到的景象。迄今为止，人们还未观测到任何"拓扑幻象"。但几何幻象已被观测到，在宇宙中某些地方，如在黑洞附近，"距离"被弯曲了：波长一样的光从 A 点传播到 B 点会有好几种不同的路径，于是，光看似来自不同的光源。

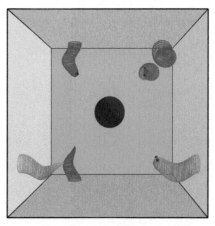

图 9.1　超环

超环是紧致宇宙的备选模型之一。这是对面等同的立方体。在这样的宇宙中，如果一只"宇宙虫"穿过一面，它会出现在相对面的同一位置。

问题在于，如果宇宙太大，就不可能观测到这种效应。据估计，宇宙的年龄已有 140 亿岁左右。光速有限，我们只能观察到 140 亿光年以内的宇宙。实际上，因为宇宙在膨胀，光在 140 亿年中走过的距离要大于 140 亿光年。宇宙地平线，即我们能观察到的宇宙最远处，大概距我们 465 亿光年。所以，从地球上看，可观测宇宙是以地球为球心的球体，其直径为 930 亿光年。假设宇宙是个超环，其基本立方体边长大于 930 亿光年，那么我们看到的光线都不可能是环绕宇宙而来。因此，我们也就无法观测到拓扑幻象。

另外 18 个可能的宇宙

具体来说，我们对宇宙拓扑到底了解什么呢？可以肯定的是，至少在我们的尺度上，宇宙是一个三维流形。这意味着，在空间中任意一点周围 1 米范围内的所有点形成了一个三维球体。

物理学家还提出，宇宙是均质且各向同性的，也就是说，在地球上观测的结果与数千亿光年之外的某颗星上观测的结果相同。所谓空间的"几何"，指的是在此空间中度量距离的方法。举例来说，一张纸有它的几何，一个球面也有它的几何。在一张纸上，两点之间的距离是连接两点的线段的长度，可以用勾股定理计算。如果距离是通过这种方法计算的，此类空间就叫作欧几里得空间。而在球面上不能用同样的方法计算距离，因为两点之间没有"直线"相连。球面上两点之间的最短路程是大圆的一段弧，距离的度量方式也因此不同——这就是球面几何。还有一种基本的几何，叫作双曲几何，大概相当于马鞍面的几何（图 9.2）。

亨利·庞加莱提出了一个尤为重要的单值化定理：一个面总可以

适用这三种几何中的一种①。特别是，只有与球面拓扑等价的面，才能适用球面几何。地球表面适用球面几何，于是地表的真正形状就可以定论。这个定理还有一个三维的版本：空间总适用 8 种几何中的一种或几种。但三维版本至今没有被证明。幸好宇宙是均质且各向同性的，因此我们可以把范围缩小到 3 种：球面几何、欧几里得几何和双曲几何。

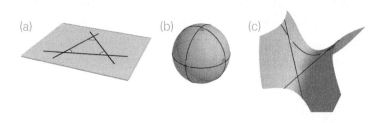

图 9.2　不同几何的度量

一个表面可以有特定的几何，几何就是度量距离和角度的方式。适用的几何不同，三角形内角和也不同。在欧氏几何中 (a)，三角形内角和是 180°；在球面几何中 (b)，三角形内角和大于 180°，一个三角形甚至可以有 3 个直角；而在双曲几何，即马鞍面几何中 (c)，三角形内角和小于 180°。

几何与空间的拓扑相关。如果宇宙适用球面几何，那么宇宙的拓扑必须紧致，也就是说，在一个或几个方向上有限。然而，如果按照普遍的看法——宇宙适用欧氏几何，那么宇宙的拓扑只能是 18 种可能的欧氏拓扑之一。

19 世纪，高斯推测宇宙可能不适用欧氏几何。于是，他自己跑去测量了三座山峰形成的三角形的内角和，幸好，结果是 180°，证明宇

---

① 当然，定理的实际叙述要准确得多："任何二维黎曼流形在双映射下共形于常高斯曲率的黎曼流形。"光解释这些术语就要再写两页纸，我们还是一带而过吧。

宙确实适用欧氏几何。但是，谁也不能保证这在更大尺度上依然为真。人类太过渺小，如果宇宙的球面曲率很小，那么宇宙在我们看来就和平面一样。

总之，我们暂且假定宇宙适用欧氏几何，然后来看看有哪 18 种可能的拓扑。之前已经提到 R^3 型拓扑（各向无限）和环形拓扑（各向有限），当然还有其他可能。

比如，"转半圈"型拓扑（图 9.3a），其基本域依然是一个巨大的立方体。如果穿过立方体的一面，会出现在相对面。其中一组相对面，比如左侧面和右侧面，拥有特别的性质：穿过其中一面，会头朝下（即翻转 180°）出现在相对面。换句话说，如果身处此拓扑空间，你会看见自己头朝下的后背。这种拓扑还有一个变种——"转四分之一圈"拓扑，基本道理一样，只不过你出现在另一面时会翻转四分之一圈（图 9.3b）。

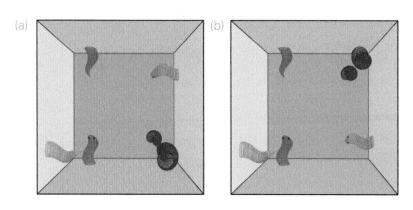

图 9.3 "转半圈"型拓扑 (a) 和"转四分之一圈"型拓扑 (b)

两种拓扑的基本域都是立方体，对面两两等同。在这样的宇宙中，如果巨大的宇宙虫穿过一个面，就会出现在相对面的同一位置，但穿过某组相对面（橙色）时，宇宙虫会翻转 180° 或 90°。

按照相同的思路，还可以衍生出棱柱拓扑，其基本域不是立方体，而是六棱柱（图 9.4），由此可引出不同于立方体拓扑的其他拓扑。此外还有更复杂的汉泽 – 温特（Hantzsche–Wendt）空间，其基本域不是立方体而是正十二面体（图 9.5）。

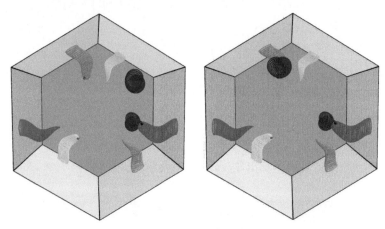

图 9.4　两种棱柱拓扑

此时，宇宙虫穿过一个四边形面，会从相对面以同样形态出现。六边形面则不同，蓝色宇宙虫穿过六边形面并从对面出现时，会翻转 60°(a) 或 120°(b)。可以证明，蓝色宇宙虫不发生翻转的棱柱拓扑等价于超环拓扑。

最后还有 3 种拓扑，都在某一个或几个方向上无限：两种"烟囱"拓扑，在一个方向上无限，在其他方向上有限；"平板"拓扑，在两个方向上无限。

现在共有 10 种符合欧氏几何的拓扑，都可作为宇宙真正拓扑的备选模型。另外 8 种拓扑具有类似莫比乌斯环的特性，比如不可定向的 SO(3) 拓扑。这些拓扑的基本域也是巨大立方体，如果穿过一面，会出现在相对面，但会经过（平面）对称变换。如果我站在这样的空间中，和环形拓扑一样，会在各个方向上看见自己。不同的是，我抬起左手，其他的"我"会抬起右手。

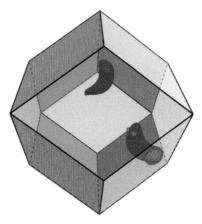

图 9.5　汉泽 – 温特拓扑

这种拓扑的基本域是正十二面体（12 个面都是相同的菱形），各个面两两对称后等同。

　　不可定向宇宙能赋予科幻小说作家很棒的灵感。经过几年的环宇宙巡航，马克·沃尔伯格饰演的太空宇航员终于回到地球上，却发现一切都变了：人类的心脏长在右边，时钟反方向转动，英国人靠右行驶，柠檬变成了橙子味[①]……一番曲折之后，他终于明白，因为宇宙的拓扑不定向，他进入了对称的平行宇宙[②]……

　　这样的故事虽然有趣，却与物理经验不符。其实，有些粒子异于

[①] 柠檬的味道来自柠檬烯，它有两种异构体 D 和 L，其结构镜面对称。其中一种自然存在于柠檬中，而另一种存在于橙子中。

[②] 1969 年罗伯特·帕里什导演的电影《叠魔惊潮》（*Doppelgänger*）中就有这一设定。但在片中，出现对称的地球不是因为宇宙的拓扑不定向，而是以太阳为对称点还有另一个地球。

自己的镜像，比如中微子。但我们的宇宙中只存在一种形式的中微子。如果宇宙不定向，那应该有两种形式共存。

宇宙是高维球面吗？

考虑适用欧氏几何的拓扑，我们已得出 10 种可能。如果如爱因斯坦所想的那样，宇宙是三维球面，那又会怎样呢？我们先来看看这到底是什么样的空间。

首先要区分一下球面和球体。球面是中空的几何体，而球体是实心的。三维球面和三维球体不是一回事。比如，足球不能算球体，因为它是中空的，应该说它是球面，这个球面是二维的，因为只是表面。而台球就是真正的球体，因为是实心的，是货真价实的三维球体。我们以后得说"足球面"！

但是，这并未说明三维球面 S^3 是什么样子的。为了理解这一点，我们先来看看更低维、更直观的球面。二维"球面"就是我们常见的中空球面，一维球面就是一个圆。相对地，二维"球体"仅仅是一个圆盘，即实心圆。

这时，拓扑学家做了一件令人拜服的事情：如果把两个圆盘（即二维球体）沿边界相接，会得到什么呢？我们可以把两个橡胶圆片沿边缘粘起来，然后往里吹气，就形成了二维球面。

也就是说，两个球体沿边界相连，就可以得到球面，而且这种做法在所有维度下都成立。所以，三维球面可由两个三维球体沿边界连接而成（图 9.6）。要把两个实心球沿表面完全贴合在一起，在我们的三维世界中无法操作，在至少四维空间中才能实现。

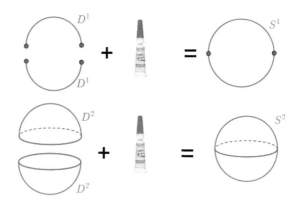

图 9.6　两个三维球体构成三维球面

两个"球体"（记为 D^N）沿边界相接，可得"球面"（记为 S^N）。在一维世界中，把两段弧 D^1（一维"球体"）对接成一个圆 S^1（一维"球面"）。在二维空间中，把两个圆盘 D^2（二维"球体"）沿边缘相接，得到球面 S^2（二维"球面"）。在三维空间中，原理一样，但很难想象把两个实心球体（D^3）沿边界对接。

借助这种构造方法，我们可以感受三维球面宇宙 S^3 的拓扑形状。想象你在一个立方体中（也可是球体，两者拓扑等价），如果你穿过某一面，会出现在另一立方体的同一位置；如果你穿过第二个立方体的某一面，会回到第一个立方体的相同位置（图 9.7）。这就是三维球面空间，它和其他可能的拓扑一样，也是宇宙形状的备选模型之一。这样的宇宙也可提供基于拓扑平行世界的绝佳科幻素材。

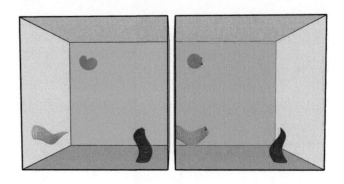

图9.7 S³球面的拓扑

如果宇宙虫穿过立方体宇宙的某一"虚拟面"，它会出现在另一个"双胞胎"立方体的同一位置。这是对S³最直观的描绘，但并不能忠实地表现此宇宙的几何。

现在该轮到物理学家登场了，让他们来决定在这些可能的模型中，哪一个才是宇宙真正的形状。

玩笑归玩笑，宇宙的拓扑和几何问题在今天的宇宙学中占有中心地位。对宇宙微波背景辐射各向异性的分析越来越精确，研究每天都有进展。对任何一种几何猜想有利的迹象都将是宇宙学长足的进步。

* * *

"你去看什么电影了？"

"《向左旋向右旋》，马克·沃尔伯格的新作。剧情没头没尾的，就像《人猿星球》和《星际穿越》的大杂烩，好莱坞还是不要请数学家来写剧本了……"

10

教你数数

"我爸爸比你爸爸强!"

"我爸爸才是最强的!"

"才不是,我爸爸比你爸爸强一百倍!"

"我爸爸比你爸爸强一百万倍!"

"我爸爸比你爸爸强一千万亿倍!"

* * *

幸好,孩子们能数的数有限。这两位小朋友斗嘴不会无限持续下去,最后只会说得上气不接下气,再也找不出更大的数,邻居们也可以松口气了,不会被无休止的争吵打扰。如果数学家也加入讨论,那就不一样了。他们极富创意地想出了许多方法,能表示的数越来越大!既然"数学"字面看来就是数字的学问,那我们就来看看到底能数到多大。

康威的巨人

说到表示大数的方法，我们第一个想到的就是科学计数法，也就是用 10 的乘方来表示，上文的两小儿斗嘴用的也是这个方法：

$10^2 = 100$（百）

$10^3 = 1000$（千）

$10^6 = 1\,000\,000$（百万）

$10^9 = 1\,000\,000\,000$（十亿）

……以此类推。

再大的数呢？这时就有两种不同的命名法了，而且相去甚远。

一种是欧陆命名法，即"长级差制"，用"- llion"和"- lliard"两种后缀，通行于包括法国在内的欧洲大陆大部分地区，以及墨西哥和南美的许多地方。按照这种命名法，十亿之后应该是 bilion 和 billiard，即 10^{12} 和 10^{15}（10 的 15 次方也就是 1 后面跟 15 个 0）；再往后是 trillion（10^{18}）和 trilliard（10^{21}），然后是 quadrillion（10^{24}）、quintillion（10^{30}）、sextillion（10^{36}）、septillion（10^{42}）、octillion（10^{48}）、nonillion（10^{54}）和 decillion（10^{60}）等。

我们用这种方法可以一直数到 66 个 9 连起来所表示的数，即 $10^{66}-1 = 1\,000\,000^{11} -1$。总结起来就是，N-llion 表示 $10^{6 \times N}$，也就是 100 万（10^6）的 N 次方；而 N-lliard 即 $10^{6 \times N + 3}$，即 100 万 N 次方的 1000 倍。

另一种是英美命名法，即"短级差制"，只用后缀"- llion"，通行于英语国家，如美国、英国、加拿大、澳大利亚等，但巴西和俄罗斯也用这种命名法。按这种方法，$1\,000\,000\,000$ 即 10^9 不叫作 milliard 而叫作 billion，所以英国人说的 billion 是 10 亿，法国人说的 billion

是万亿，相差整整 1000 倍，一定要特别注意，不要弄错。此后，短级差制依次是 trillion（10^{12}）、quadrillion（10^{15}）、quintillion（10^{18}）、sextillion（10^{21}）、septillion（10^{24}）等，可以一直数到 10^{303}。

那更大的数怎么办？而且以上两种命名法的词根都来自拉丁文，有时会略有出入。比如，法语里 $10^{6×4}$ 可以写作 quadrillion，今天的字典里一般也这么拼写，但也可写作 quatrillon。并且法国在 1961 年 5 月 3 日颁布的第 61–501 号度量衡法令也提倡后一种写法，这条法令今天依然有效。

真得要超级英雄出马才能彻底解决这混乱的局面，还好，约翰·康威[1] 出现了。在艾伦·韦克斯勒的帮助下，他发明了一种大数命名法，也是现今通用的方法。

我们先从简单的入手，看看用康威的方法如何命名从 1 到 1 000 000⁹⁹⁹（$10^{6×999}$）。我们先将要命名的数写成 $10^{6×N}$ 的形式。如果 N 只有个位，根据 1 至 9 的拉丁文前缀（表 10.1），用"前缀 + llion"即可得出 $10^{6×N}$ 的名称。

表 10.1　个位数拉丁前缀表

1	2	3	4	5	6	7	8	9
mi–	bi–	tri–	quadri–	quinti–	sexti–	septi–	octi–	noni–

N 有两位或三位时，根据表 10.2 列出的拉丁文词缀，按"个位 + 十位 + 百位 + llion"即可得出 $10^{6×N}$ 的名称。注意，个位数和十位数的位置与我们习惯的相反。如果有一位数字是 0，则此数位不用写。

---

① 数学领域内的许多进步都要归功于康威，如生命游戏，即人工模拟"生命"繁衍；超现实数，使得 $1+\sqrt{\infty}$ 等形式有了具体的意义；对外观数列 1，11，21，1211，111221…的研究，数列中每一项都是把前一项读出来所得。下文还会提到他。

表 10.2　个、十、百位数拉丁词缀表

	个位	十位	百位
1	un–	(n)deci–	(n)(x)centi–
2	duo–	(n)viginti–	(n)ducenti–
3	tre(s)–	(n)(s)triginta–	(n)(s)trecenti–
4	quattuor–	(n)(s)quadraginta–	(n)(s)quadringenti–
5	quinqua–	(n)(s)quinquaginta–	(n)(s)quingenti–
6	se(x)(s)–	(n)sexaginta–	(s)sescenti–
7	septe(m)(n)–	(n)septuaginta–	(n)septingenti–
8	octo–	(m)(x)octoginta–	(m)(x)octingenti–
9	nove(m)(n)–	nonaginta–	nongenti–

比如，$10^{6 \times 198} = 10^{1188}$，即可写为 octononagintacentillion。

在表 10.2 中，括号里的字母是为了发音方便而添加的。两词缀相连时，如果前后括号中都包含相同的字母，则此字母要写出来。比如，$10^{6 \times 186}$ 不写作 seoctogintacentillion，而是 sexoctogintacentillion。

另外，没有百位数的时候，十位数词缀最后如果是"a"要换成"i"（见下文 $10^{6 \times 42}$ 的例子）。

下面举例说明：

- $N = 4$：quadrillion（根据表10.1可得）
- $N = 042$：duoquadragint*i*llion（$10^{6 \times 42}$）
- $N = 689$：nove*m*octogintasescentillion（$10^{6 \times 689}$）
- $N = 905$：quinquanongentillion（$10^{6 \times 905}$）
- $N = 999$：novenonagintanongentillion（$10^{6 \times 999}$）

N 大于 999 时怎么办呢？这时就显出康威及韦克斯勒的天才之处

了，因为任意大的数都可以写出来！

N 大于 999 时，我们先把 N 每 3 位分成一组，按前述规则把每组写出，组与组之间加上词缀 "lli"。如果有一组是 000，则写成 "ni"。比如：

- $N = 186\ 042$，sexoctogintacentilliduoquadragintillion（$10^{6 \times 186\ 042} = 10^{1\ 116\ 252}$）

- $N = 807\ 999$，septemoctingentillinovenonagintanongentillion（$10^{6 \times 807\ 999} = 10^{4\ 847\ 994}$）

- $N = 5\ 000\ 050$，quintillinilliquinquagintillion（$10^{6 \times 5\ 000\ 050} = 10^{30\ 000\ 300}$）

有了这种方法，任意大的数字都可以命名……

从香农的庞然大物到斯奎斯数

现在你知道怎么命名大数了，那让我们看看这到底有什么用。看似不可思议，但有些大数有非常具体的意义！

物理中就有很多大数，比如阿伏加德罗常数，指的是 12 克碳 12（碳元素最丰同位素）所含的原子个数，约为 6.02×10^{23}（长级差制写为 602 trilliard，短级差制写为 602 sextillion）。在可见的宇宙范围内，所有原子加起来大约是 10^{80}（100 tredecillion[1]）个。数学家所钟爱的各种游戏中也有大数。3 阶魔方有 4.3×10^{19}（43 trillion）种组合，而根

---

① 以下未标注的，均为长级差制，读者可参照维基百科的对照表找到短级差制的表达法。——译者注

据克劳德·香农 [①] 的计算，国际象棋约有 vigintillion（10^{120}）种理论上可能的棋局。但与围棋比起来就是小巫见大巫了，据估算，围棋可能的棋局至少有 $10^{10^{48}}$（10 000 sesexagintacentillisesexagintasescentillises exagintasescentillisesexagintasescentillisesexagintasescentillisesexagintas escentillisesexagintasescentillisesexagintasescentillisesexagintasescentilli sesexagintasescentillisesexagintasescentillisesexagintasescentillisesexagi ntasescentillisesexagintasescentillisesexagintasescentillisesexagintasescen tillion）种。直到今天，没有任何一种游戏能超越围棋的无穷乐趣！

　　而理论数学中的大数则更胜一筹，比如斯奎斯数，大约是 $10^{10^{10^{34}}}$。这个数字如果用拉丁字母写出来，恐怕这本书都不够。假设可见宇宙中的每一个原子都是一个字母，也不够用来写这个数！

　　斯奎斯数 [②] 出自质数研究。以前，人们认为所有数都有同一种性质，而斯奎斯数就是第一个反例。只是这个数实在太大了，难以想象。

　　除了上面这些庞然大物，还有些稍小的数更广为人知，比如 10^{100}，数学家爱德华·卡斯纳将其命名为"古戈尔"（googol）。据说他想给虽大却依然有限的数找个例子，让 9 岁的小侄子给 10^{100} 起名，结果小侄子说："古戈尔！"于是 10^{100}，也就是 1 后面跟 100 个 0 就有了这样一个名字。搜索引擎"谷歌"（Google）也由此得名，表示它能搜索到海量网页。

　　除了古戈尔，爱德华·卡斯纳还发明了"古戈尔普勒克斯"（googolplex），即 10 的古戈尔次方。谷歌总部 Googleplex 正得名于此。如果把这个数用字母写出来，足有 738 个字母！其他数学家又发

---

① 克劳德·香农是信息论之父。信息论是量化信息的理论。比如，量化一条留言或者一个文件中的信息。

② 如果 $\pi(x)$ 表示小于 x 的质数的个数，$\mathrm{li}(x)$ 为对数积分，即 $\mathrm{li}(x)=\int \mathrm{d}x/\ln(x)$，使得 $\pi(x) - \mathrm{li}(x) > 0$ 成立的 x 的最小值的上限即斯奎斯数。

展了这一概念，规定 $N-$ 普勒克斯（$N-$plex）即表示为 10^N，所以"古戈尔普勒克斯普勒克斯"（googolplexplex）也就是 10 的古戈尔普勒克斯次方。

葛立恒数

如果你以为阿伏伽德罗常数、香农数、斯奎斯数和古戈尔普勒克斯普勒克斯已经够大了，数学家该满意了，那你就错了。与葛立恒数一比，它们都小得可怜。

葛立恒数虽大，却有非常具体的数学意义，因为它是一个数学问题的解——这个问题比较晦涩难懂，是给超立方体上色的问题，其目的是要找到从多少维开始，某种性质一直为真。葛立恒数也是有史以来在数学证明中出现过的最大的数。

描述葛立恒数时要用到高德纳[①]箭号表示法，这是一种表示巨型数字的有效方法。

高德纳箭号表示法以 a^N 为基础，我们知道其定义为：

$$a^N = a \times a \times a \times \cdots \times a$$

而在高德纳箭号表示法中，不写成 a^N，而写成 $a \uparrow N$。单箭头表示乘方，双箭头可视为单箭头的重复，即乘方的乘方，所以：

$$a \uparrow \uparrow N = a \uparrow (a \uparrow (\cdots \uparrow a)) = a^{a \cdots a}$$

比如，$2 \uparrow \uparrow 4$ 即：$2 \uparrow \uparrow 4 = 2^{2^{2^2}} = 2^{2^4} = 2^{16} = 65\ 536$

这个数字还很容易理解，但是 $2 \uparrow \uparrow 6$ 就比古戈尔普勒克斯还大得多，多达 10^{19727}（$100\ 000$ trilliseptemoctogintaducentillion）位数！

但高德纳没有就此打住，他还定义了三箭头、四箭头和更多的箭

---

① 高德纳因发明了 TeX 排版系统而驰名科学界。

头。于是，三箭头表示双箭头的重复，即：

$$a\uparrow\uparrow\uparrow N = a\uparrow\uparrow (a\uparrow\uparrow (a\uparrow\uparrow(\cdots\uparrow\uparrow a)))$$

而四箭头表示三箭头的重复，依此类推。

举例来说，$3\uparrow\uparrow\uparrow\uparrow 3$ 该如何计算？我们已经知道 $3\uparrow\uparrow\uparrow\uparrow 3 = 3\uparrow\uparrow\uparrow(3\uparrow\uparrow\uparrow 3)$，那么我们先来计算 $3\uparrow\uparrow\uparrow 3$：

$$3\uparrow\uparrow\uparrow 3 = 3\uparrow\uparrow (3\uparrow\uparrow 3) = 3\uparrow\uparrow 3^{3^3} = 3\uparrow\uparrow 7\ 625\ 597\ 484\ 987 = 3^{3^{\cdots^3}}$$

也就是说，$3\uparrow\uparrow\uparrow 3$ 形成了 3 的指数塔，这座塔有好几万亿层。于是，$3\uparrow\uparrow\uparrow\uparrow 3$ 等于 $3\uparrow\uparrow(3\uparrow\uparrow\cdots(3\uparrow\uparrow 3)\cdots))$，其中出现 $3\uparrow\uparrow\uparrow$ 3 个 3。这个数字算是硕大无朋了吧？但在葛立恒数面前，依然小得不值一提。

为了得到葛立恒数，我们要进行 64 步运算，第一步从数字 4 开始，之后每一步都是 $3\uparrow\cdots\uparrow 3$ 的形式，而其中箭头的个数取决于上一步得到的数。即以下结果。

- 第一步：4。
- 第二步：$3\uparrow\uparrow\uparrow\uparrow 3$，四箭头，我们在前面已经算过，这是个多么大的数。
- 第三步：$3\uparrow\uparrow\cdots\uparrow\uparrow 3$，共有 $3\uparrow\uparrow\uparrow\uparrow 3$ 个箭头，不用绞尽脑汁去想象这个数，因为人脑根本做不到！
- 第四步：$3\uparrow\uparrow\cdots\uparrow\uparrow 3$，其中箭头的个数为第三步得到的数。

将此运算进行 64 步，我们就得到了著名的葛立恒数。这个数太大了，天文数字、恒河沙数、超乎想象……它的巨大已经无词可表。理解这个大而有限的数，甚至比理解无限还要困难。

实际上，数学家并未止步于此，他们用其他方法制造出了更大的数，让葛立恒数也渺若微尘。但这一章就到此为止吧，以后再和人斗嘴比谁的爸爸更强大，你也有足够的词汇能把对手彻底比下去了！

＊ ＊ ＊

"我爸爸比你爸爸强！"

"才不是，我爸爸才是最强的！"

"吹牛，我爸爸比你爸爸强十亿的十亿倍！"

"错，我爸爸比你爸爸强 10 的 99 次方个普勒克斯的古戈尔普勒克斯……普勒克斯进行葛立恒数个高德纳箭号运算再加斯奎斯数那么多倍！"

"好吧，那我爸爸比你爸爸强 10 的 99 次方个普勒克斯的古戈尔普勒克斯……普勒克斯进行葛立恒数个高德纳箭号运算加斯奎斯数再加一倍！"

"行，就算我们打个平手吧……"

11

争霸法国网球公开赛

"我就不明白了，每次我和费德勒打球，总是一败涂地。"

"看看你的跑动和正手拍，你照这样和费德勒打，那只能是输……"

"不，一定有更科学的解释！"

* * *

按照国际职业网球联合会的排名，德约科维奇、穆雷和费德勒是现在世界上网球打得最好的人。这个排名里没有我，因为鄙人网球技术一般，甚至说根本不会打。但我为什么不能得世界第一呢？如果好好训练，有没有一点小小的可能，打败"小德""僵尸"或"奶牛"①？这会不会就是个概率问题？

我们先大体看一下网球是怎么玩的。双方各占一侧场地，用球拍击球，让对手接不住。如果对手没打到球，或者把球打出界，那你就得分，得到足够多的分就赢得一局，赢下足够多的局就拿下一盘，赢

---

① 分别是德约科维奇、穆雷和费德勒的绰号。——译者注

下足够多的盘就赢得整场比赛的胜利。

说得再详细点，要赢得一局，需要得 4 分，且净胜 2 分。网球比赛计分不是 0、1、2、3、4 的形式，而是 0、15、30、40、占先（AD）。这种计分方式从老式网球继承而来，这里就不细说了。一盘的胜负有两种规则：一种是"长盘制"，即至少赢得 6 局，且净胜 2 局；另一种是"短盘制"，俗称"抢七"（tie break），基本规则一样，只不过打成 6 比 6 平时，双方通过决胜局定胜负，先得 7 分且净胜 2 分即获胜。比赛可以三盘两胜或五盘三胜，在前两盘或四盘可以按"短盘制"进行，最后一盘按"长盘制"进行。

这些规则让人眼花缭乱，如坠云里雾里。但正因为这些规则，就算"新手手气壮"也没用。打网球，能者胜。

假设经过一段时间的魔鬼训练，我的球技达到个人巅峰。我向德约科维奇发起挑战，而他居然接受了，要和我对战一场五盘三胜。他有伤在身，所以状态并不是最佳。有鉴于此，我得分的概率有 1/3。那么，我能不能靠运气赢得比赛？能不能做到平均三场一胜？下面我们就用伊恩·斯图尔特在 1988 年提出的方法计算一下。

赢一局：可以完成的任务

想要赢德约科维奇一局，最直接的方法就是连得 4 分。得 1 分的概率记为 p（此例中 $p = 1/3$），得 4 分的概率即为 p^4。其实，4 个独立事件连续发生的概率由每一事件各自的概率相乘得出。"以 4 比 0 赢得一局"，就是"得 1 分"重复 4 次，如果每得 1 分与前 1 分不相关，其概率是 $p \times p \times p \times p$，即 p^4。用 1/3 代入可得，我以 4 比 0 赢一局的概率是 1/81（$1/3 \times 1/3 \times 1/3 \times 1/3$）。走运的话，我还是可以做到的。

但获胜的比分不止这一种。我为人这么大度，可以让给德约科维奇一分嘛。这时有 4 种可能：他赢第 1 分，我赢后 4 分，或者他赢第 2 分，我赢其他分，以此类推。

德约科维奇得分的概率记为 q（于是 $q = 2/3$，因为 $q = 1 - p$）。他赢第 1 分，我赢其他分的概率为 $q \times p \times p \times p \times p$，即 qp^4。实际上，德约科维奇得 1 分、我得 4 分的其他 4 种情况，其概率都是 qp^4，所以，我以 4 比 1 赢得一局的概率为 $4qp^4$。

同理可得，我以 4 比 2 赢得一局共有 10 种可能，以 5 比 3 获胜有 20 种可能，6 比 4 获胜有 40 种可能（图 11.1）。所以，我赢得一局的总概率是 $p^4 + 4qp^4 + 10q^2p^4 + 20q^3p^5 + 40q^4p^6 + 80q^5p^7 + \cdots$

要求净胜 2 分很麻烦。理论上说，一局可以无限持续——不管天黑、下雨，由此会导致无穷数列的出现。

还好可以简化[①]，我赢得一局的概率 P 为：

$$P = p^4 + 4qp^4 + 10\frac{q^2p^4}{1-2qp}.$$

将 $p = 1/3$ 和 $q = 2/3$ 代入，可得：我赢德约科维奇一局的概率为 $35/243$，略大于 $1/7$。我不敢说一定赢，但还是可以赌一赌嘛。

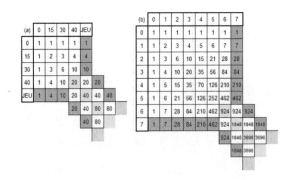

---

① 提取公因子后可得：$10q^2p^4 + 20q^3p^5 + 40q^4p^6 + \cdots = 10q^2p^4(1 + (2qp) + (2qp)^2 + \cdots)$，括号中是 $2qp$ 乘方的无穷数列，等于 $1/(1 - 2qp)$，由此可得文中公式。

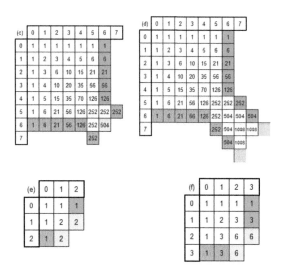

图 11.1 输赢组合表

(a) 一局，(b) 决胜局（即"抢七"），(c) 短盘制一盘，(d) 长盘制一盘，(e) 三盘两胜制比赛，(f) 五盘三胜制比赛。

　　要算得赢得一局、一盘、一场比赛的概率，先要确定所有可能的比分。表格中格子里的数表示相应比分有多少种可能，绿色表示获胜，红色表示失败。比如，根据表 (a) 可知，40 比 15 有 4 种可能，在 4 个回合中，对方可赢得第 1 分、第 2 分、第 3 分和第 4 分中的任意一分。另外，每个白格子中的数等于该格子左边和上边紧挨着的白格（如果有白色格子）中的数相加的和。

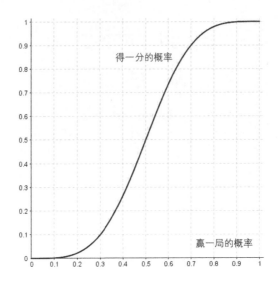

图 11.2　得一分与赢一局的概率关系

赢一盘：可能完成的任务，但希望渺茫

　　赢一局是很好，但还要能赢一盘。短盘制每盘的获胜比分只能是 6 比 0、6 比 1、6 比 2、6 比 3、6 比 4、7 比 5 或 7 比 6。如果是 6 比 6 平，还需决胜局"抢七"定胜负。

　　我们依然要分类讨论。如果赢一局的概率记为 P，输一局的概率记为 Q，在上文我对阵德约科维奇的情况中，$P = 35/243$，$Q = 208/243$。以 6 比 0 赢一盘，即连赢 6 局，其概率为 P^6；以 6 比 1 赢一盘，即对手赢一局，有 6 种可能，其概率为 $6QP^6$。计算赢一局的概率与此类似，用同样的组合分析法（图 11.1(c)）可得其他比分和进入决胜局的概率，于是赢一盘的概率 Π 为：

$$\Pi = P^6 + 6QP^6 + 21Q^2P^6 + 56Q^3P^6 + 126Q^4P^6 + 252Q^5P^7 + 504Q^6P^6T$$

现在只要确定赢得决胜局的概率 T 就可以了，计算方法与赢一局类似，只是要赢 7 分而不是 4 分，于是有：

$$T = p^7 + 7qp^7 + 28q^2p^7 + 84q^3p^7 + 210q^4p^7 + 462\frac{q^2p^4}{1-2qp}$$

代入数值计算可得，我赢得短盘制一盘的概率是 0.144%，约为 1/700。我不能保证一定赌赢，但希望还是有的。

长盘制赢得一盘的概率 Π 为：

$$\Pi = P^6 + 6QP^6 + 21Q^2P^6 + 56Q^3P^6 + 126\frac{Q^4P^6}{1-2QP}$$

所以，不管长盘制还是短盘制，我赢一盘的概率差别不大，两者相差最多 0.6%。如果我赢一分的概率是 1/3，那么赢得长盘制一盘的概率为 0.134%，也就是说，胜利的机会为 1/750。

赢一场比赛：不可能完成的任务

我赢德约科维奇一盘都希望渺茫，那么赢一场三盘两胜的比赛呢？还是要分情况讨论：赢的比分可以是 3 比 0（1 种可能）、3 比 1（3 种可能）或 3 比 2（6 种可能，最后一盘按长盘制进行，无决胜局）。Π 和 Π′ 分别是长盘制和短盘制获胜的概率，于是赢得一场比赛的概率是：

$$\Pi^3 + 3(1-\Pi)\Pi^3 + 6(1-\Pi)^2\Pi^2\Pi'$$

计算一下就会发现，结果实在令人气馁。如果得 1 分的概率是 1/3，那赢得整场比赛的概率是 1/37 000 000！机会不是没有，但如果想靠赌球挣点钱养家糊口，那还是不要想了。

所以，网球规则的特别之处在于，它能保证最强的选手胜出，哪怕只有微弱的优势。比如，某选手的得分概率为 43%，那他赢得整场比赛的概率只有不到 1%。如果比较一下网球和足球的规则，就会发现足球比赛的结果不确定得多。

当然，这些计算方法只考虑了得分的方式，没有考虑影响输赢概率的其他规则，比如谁先发球。如果区别发球和接球得分的概率，重新计算一遍，结果还是一样——强者胜。

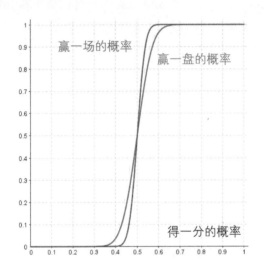

图 11.3　得 1 分与赢得短盘制一盘（绿色）及赢得三盘两胜制比赛（红色）的概率关系

* * *

"我又 6 比 0、6 比 0、6 比 0 输给'奶牛'了！这也是情有可原吧。他不就比我好那么一丁点么？我就是不走运而已。"

12

你究竟有几个冷笑话

"哟，糖纸上有个笑话！为什么橙子遇见香菇就死了？"

"呃……不知道……"

"因为菌要橙死，橙不得不死，哈哈哈……"

"我也剥一张试试！为什么橙子遇见……怎么又是这个笑话？"

"这重复的概率有多大啊？"

* * *

1969年，法国食品总公司生产的咖兰巴（Carambar）糖被载入幽默史册。这种糖果在法语国家无人不知，都是因为糖纸上的冷笑话。剥开糖纸，吃一块8厘米长的糖，不仅会粘掉牙，更可能笑掉牙，比如："等待梨子的苹果会变成什么？——等离子。"

有时候，糖纸可能没切好，"聋青蛙会说什么""没有腿的羊叫什么"，都没有下文。想看个冷笑话都看不成。但最让人无奈的还是剥完3颗糖，发现糖纸上都印着同一个冷笑话。为什么总读到同一个笑话呢？从成本考虑，冷笑话显然不能无穷多，但到底有多少个呢？这是个好问题。一定要有好方法，才不至于吃糖吃到肝疼，还数不清楚。一点小数学，问题迎刃而解。

我穿上侦探装，带上计算器，到超市买了两盒咖兰巴牛轧软糖作为样本。为了科学，有时必须得牺牲一下。

当然，我不可能一下子就把所有冷笑话都找出来。有时糖纸粘得太紧，一不小心就撕坏了。更重要的是，不可能靠两盒糖就找出所有冷笑话，况且这里面还有重复。所以，要用高级统计方法来估计其数量。而能帮到我们的，正是那些重复出现的笑话。

实验开始了。第一步是把两盒糖剥开，不能浪费，要都吃完[①]。最后得到 85 张糖纸。

现在整理一下，数数共有多少个冷笑话。问题是，一张糖纸上可能有 1 至 3 个冷笑话，有的完整，有的不完整——问题就复杂了。简单起见，假设每张糖纸上只有 1 个冷笑话。如果印着好几个笑话，只算第一个完整的，避免重复计算。结果是，85 个冷笑话中只有 59 个不同。

如何由此得出冷笑话的总数呢？法国马恩 - 拉瓦莱大学的菲利普·甘贝特的研究给了我们方法——让数据说话。2009 年，他研究了一种巧克力包装纸里名人名言的数量。年末节庆时，里昂人常吃这种巧克力。

假设糖纸上的冷笑话是从 N 个不同冷笑话中随机选出的，每个冷笑话被选中的概率相同。当然，这一假设有个瑕疵：冷笑话长短不同，短笑话更容易完整呈现。

我们要计算的就是 N 值。已知 85 个冷笑话中，只有 59 个不同，也就是说有 26 个重复。我们要找出一个 N 值，让此种情况的概率最

----

① 专业操作，吃糖人士皆经过多年特殊训练，大众请勿模仿。

大。如果 $N = 1000$，即有 1000 个不同的冷笑话，则不太可能有 26 个重复。如果 $N = 60$，重复的情况应该更多。可能性随 N 值变化，计算出可能性就能找到最佳 N 值。

假设共有 N 个冷笑话时，在 K 张糖纸中找到 D 个不同冷笑话的概率记为 $P_{K,D}(N)$，找出一个 N 值，让此概率最大即可，此 N 值称为最佳值。在上面的例子中，$K = 85$，$D = 59$，现在要取足够多 N 值，计算出概率 $P_{85,59}(N)$。

我们可以把问题简化，用单词和字母来考虑。这里所谓"单词"就是一串没有含义的字符，而"字母"就是单纯的符号。把糖纸上印的所有冷笑话看成字母表，共有 N 个不同的字母（或符号）。于是，每个冷笑话就成了字母表中的一个字母。剥开 K 张糖纸，即得到 K 个字母，无论字母有无重复，组成一串就得到一个单词。单词中每个字母都从这 N 个字母中随机选出，所以共有 N^K 种组合，即 N^K 个单词。

在这些单词中，我们要注意的是由 D 个不同字母组成的单词。这类单词共有多少个呢？一时很难说清。假设从 N 个字母中选出 D 个不同字母，组成长度为 K 的单词，其方法总数记为 $A_{K,D}(N)$，则我们要计算的概率为：

$$P_{K,D}(N) = \frac{\text{长度为} K \text{的单词其中有} D \text{个字母不同}}{\text{长度为} K \text{的单词}} = \frac{A_{K,D}(N)}{N^K}$$

我们需要找出一种方法，为尽可能多的 N 值计算出 $A_{85,59}(N)$，也就能知道 $P_{85,59}(N)$。看似不易，但可以采用迂回的办法：我们无须知道准确的概率值，只要找出最大值即可。

在计算 $A_{85,59}(N)$ 之前，先看个简单的例子：$A_{3,2}(4)$，即 $N = 4$、$K = 3$、$D = 2$。也就是说，在 {a, b, c, d} 4 个字母组成的字母表中，选 2 个不同的字母，组成 3 个字母的单词，共有多少种可能？

在 4 个字母中选 2 个，比如 a 和 b（4 选 2 有 6 种可能），组成 3

个字母的单词，至少 1 个 a 和 1 个 b，所有组合如下：

aab, aba, abb, baa, bab, bba.

组合数量也等于 $A_{3,2}(2)$，因为这相当于 2 选 2，组成 3 个字母的单词。把 a 和 b 分别替换成其他字母，可得所有其他组合：

aac, aca, acc, caa, cac, cca,

aad, ada, add, daa, dad, dda,

bbc, bcb, bcc, cbb, cbc, ccb,

bbd, bdb, bdd, dbb, dbc, ddb,

ccd, cdc, cdd, dcc, dcd, ddc.

对任意 2 个字母，共有 6 种组合。而 4 选 2 有 6 种方式，可得 $A_{3,2}(4) = 6 \times 6 = 36$。

现在我们用同样的方式计算 $A_{85,59}(N)$。在 N 个字母中选 59 个出来，组成长度为 85 个字母的单词，有多少种方法？首先，N 选 59 的组合有公式可计算：

$$C_m^n = \frac{m!}{n!(m-n)!} = C_m^{m-n} \ （\text{其中 } m \text{ 相当于 } N，n = 59），$$

涉及 N 的阶乘 $N!$，即 $1 \times 2 \times 3 \times \cdots \times N$，从 1 到 N 的所有整数的积。

选出 59 个字母之后，还要组成由这 59 个不同字母组成的长度为 85 个字母的单词。你可以锲而不舍地枚举总共 $A_{85,59}(59)$ 个单词。这数量到底有多大？其实根本不用管[1]，我们只要知道它与 N 无关。由此可知，$A_{85,59}(N) = （系数）\times A_{85,59}(59)$，或者更简单地说，两者成正比。

回到最初的问题，我们要计算的是：

---

[1] 但我就是要管一管。这个数字大约是 5.80×10^{140}。用 D 个不同字母组成长度为 K 个字母的单词，其数量记为 $T(K, D)$，则 $T(K, D) = D(T(K-1, D-1) + T(K-1, D))$，其中 $T(1, 1) = 1$，且 $K < D$ 时，$T(K, D) = 0$。

$$P_{85,59}(N) = \frac{\text{长度为85的单词中有59个字母不同}}{\text{长度为85的单词}} = \frac{A_{85,59}(N)}{N^{85}} = \frac{\frac{N}{59} \times A_{85,59}(59)}{N^{85}}$$

终于，我们可以看出，如果共有 N 个冷笑话，85 个字母中有 59 个不同的概率与 $\dfrac{\frac{N}{59}}{N^{85}}$ 成正比，以此计算即可（图 12.1）。

可以得出，最有可能共有大约 107 个冷笑话。或者说，以不到 1/20 的错误概率来算，冷笑话的总数应当在在 84 到 154 之间——反正这是一个概率问题，什么都不能确定。这个区间实在有点大，但我们必须要严谨，留出容错空间。也许我拿的糖纸刚好不凑巧呢？

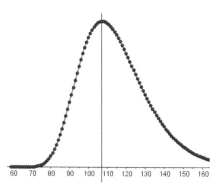

图 12.1　剥开 85 颗糖得到 59 个不同冷笑话的概率与冷笑话总数的关系：冷笑话总数为 107 时，此概率最大

老实说，整理糖纸的结果并不能简单归结为"85 个冷笑话里有 59 个不同"，因为我们只算了糖纸上第一个完整的冷笑话。假如算上其他完整及不完整的冷笑话，应该是 201 个冷笑话，其中 99 个不同。

按照新数据，同理可得冷笑话的总数应该在 124 个左右。只是，此时不能再假定冷笑话互相独立，所以，此结果的瑕疵更大。最后，唯一能准确知晓冷笑话总数的方法，就是打电话给糖果厂的市场部问一问，但他们不想理睬我。

＊ ＊ ＊

"哟，开胃奶酪块！包装纸上印的冷笑话到底有多少呢？"

"千万别问，求你了，我都吃了两盒咖兰巴糖了。好奇害死猫啊……"

13

玩转《地产大亨》

"我们玩桌游吧。不想下棋，你老赢。也不想玩哆宝，我可不想再听你说一个小时什么射影平面。我们玩地产大亨吧？怀旧一下。反正都是靠运气，不可能总是你赢吧。"

* * *

你也许还不知道，这就好像打开了潘多拉魔盒。《地产大亨》这个游戏能把人性的阴暗面都展现出来：贪得无厌、背信弃义、尔虞我诈……简直天地难容。

《地产大亨》体现的不仅仅是"万恶的资本主义"，这个游戏既要凭运气，也要靠策略。而要采取更好的策略，就要了解个中玄机。买下所有蓝色地产，还是靠着橙色格飞黄腾达？只买下自来水公司能让你走上人生巅峰吗？买了广州，但怎么没人来呢？为什么一直会经过杭州呢？

哪些格最常经过？

不管你玩的是中国版、欧洲版、皮卡丘版还是 AC/DC 摇滚乐队版，棋盘都差不多：40 格围成正方形，共 8 组 22 处地产、4 个火车站、2 个公共事业公司、4 个机会格、4 个社会基金格和其余 7 个或好或坏的格子——起点、交税、坐牢等（表 13.1）。与 20 世纪初伊丽莎白·马吉发明它时相比，这款游戏已有些不同。那时它不叫《地产大亨》，而是叫《地主游戏》，意在揭露地主们如何囤积土地、发家致富，而让租客们穷困潦倒。原始版本已有 8 组 22 处地产，但还没有火车站和社会基金格，探监格在那时是"煤炭税"。此后，查尔斯·达罗改进了《地主游戏》的棋盘，从 1935 年流传至今。帕克兄弟公司一开始有所迟疑，但最终还是推出了达罗改进的游戏，不料一炮打响。

从 20 世纪 30 年代至今，游戏规则没有什么改变，依然是靠着多买地，让对手破产。如果能买齐一种颜色的所有地产，其回报比分散地产高得多。但买下所有地产几乎不可能，所以要选高回报的地产。

我们可以从多种角度分析游戏，比如每一格的投资回报比，从而确定哪一格最值得购买。不过，就算上海比南昌的投资回报更高，对手经过两处地产的概率也大不相同。首先，我们要确定玩家走到每一格的概率。1994 年，三位法国数学家塞巴斯蒂安·费伦齐、雷米·若丹和布丽吉特·莫塞在《方圆》（*Quadrature*）杂志上发表了计算走到每格概率的方法。

表 13.1 《地产大亨》经典中国版的 40 个格子

1	起点	11	坐牢 / 探监	21	免费停车	31	进监狱
2	温州	12	青岛	22	重庆	32	天津
3	社会基金	13	电力公司	23	机会	33	北京
4	南京	14	珠海	24	宁波	34	社会基金
5	所得税	15	南昌	25	杭州	35	厦门
6	重庆站	16	上海站	26	北京西站	36	广州站
7	沈阳	17	成都	27	苏州	37	机会
8	机会	18	社会基金	28	大连	38	广州
9	西安	19	扬州	29	自来水公司	39	巨额税款
10	无锡	20	深圳	30	三亚	40	上海

各种棋盘版本和最初授权版的棋盘基本一致，都是 22 处地产，颜色相同为一组，每组两三个。

游戏开始！

玩家将棋子（小车、鞋子、小狗等）置于起点，然后掷骰子。游戏过程中，几个玩家可以同处一格，互不影响。下面只考虑一个玩家，比如你的对手。

第一次掷骰子之后，他会到哪里呢？《地产大亨》用两个骰子，点数相加即步数。假设骰子完美，36 种点数组合出现的概率相等（都为 1/36）。点数组合（1，1）出现的概率为 1/36，即走到第 1 个社会基金格（第 3 格）的概率是 1/36。到第 4 格南京要掷出（1，2）或（2，1），概率都是 1/36，于是一次就走到并买下这处地产的概率为 2/36。同理可得，点数和为 4、5、6、7、8、9、10、11、12 的概率分别为 3/36、

4/36、5/36、6/36、5/36、4/36、3/36、2/36 和 1/36。于是，对手在第一轮掷骰子时走到各个格子的概率也就确定了（图 13.2），其中概率最大的是第 8 格——机会格。

才掷了一次骰子，游戏还要继续。下面计算第二次掷骰子到达第 7 格沈阳的概率，各种情况都要考虑在内。如果对手从第 3 格社会基金格出发，需要骰子点数相加为 4（概率为 3/36）。而第一轮到第 3 格的概率为 1/36，两次掷骰子互相独立（第一次不影响第二次），所以，第二次掷骰子从第 3 格到第 7 格的概率为 $1/36 \times 3/36$。对手也可以从第 4 格南京出发（之前到第 4 格概率为 2/36），骰子点数和为 3（概率为 2/36）。或者，对手从第 5 格所得税出发（到第 5 格概率为 3/36），骰子点数和为 2（概率为 1/36）。总之，第二次掷骰子共有 3 种方法到第 7 格，总概率为 $1/36 \times 3/36 + 2/36 \times 2/36 + 3/36 \times 1/36$，计算结果是 5/648，约为 0.77%，概率很低。同理可得，第二轮到达第 6 格重庆站的概率为 $1/36 \times 2/36 + 2/36 \times 1/36$，结果是 1/324，约为 0.30%，概率也不高。以此类推，对手在第二轮到达每一格的概率都可算出（图 13.1）。

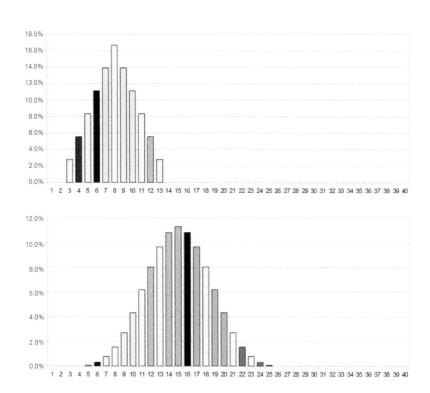

图 13.1　第一轮和第二轮掷骰子之后，对手到达每一格的概率

只考虑骰子点数，不考虑其他规则。柱的颜色即格的颜色（见表 13.1）。

一般而言，若想要确定掷过 K 次骰子后，对手到达第 N 格的概率，首先要确定到这一格有多少种方法。其实，方法最多有 11 种：从 $N-2$ 格出发且骰子点数为 2（概率为 1/36），从 $N-3$ 格出发且骰子点数为 3（概率为 2/36），以此类推。于是，到第 N 格的概率为 $1/36 \times P(N-2) + 2/36 \times P(N-3) + 3/36 \times P(N-4) + \cdots + 1/36 \times P(N-12)$，其中 $P(X)$ 为之前到第 X 格的概率（图 13.2）。

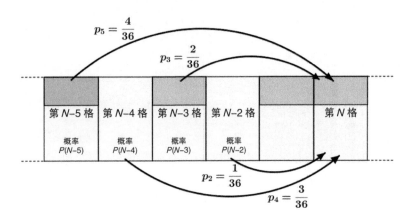

图 13.2 用递归法，按照走到前格的概率可算出到达某一格的概率：
$P(N) = 1/36 \times P(N-2) + 2/36 \times P(N-3) + 3/36 \times P(N-4) + \cdots 1/36 \times P(N-12)$

手算是得不出结果的，除非你想拼死一搏。所幸，用计算器计算并不难，如果用矩阵，那就更简单了。

矩阵即数字排列成的阵。在此例中，我们想知道从一格到另一格的概率，给出此概率的矩阵称为 M（图 13.3），这是一个"转移矩阵"。

矩阵的好处在于可以相加、相乘。如果一个行矩阵（只有一行的矩阵）乘以一个方块矩阵（行和列一样多的矩阵），会得到一个新的行矩阵。具体方法不多说，线性代数太神奇。无论如何，用行矩阵表示到达棋盘 40 格的概率真是完美无缺。设行矩阵 $U(K)$ 表示 K 轮之后的概率分布，此矩阵有 40 列，每列即到达每格的概率。因此，$U(1)$ 即 $(0; 0; 1/36; 2/36; 3/36; 4/36; 5/36; 6/36; 5/36; 4/36; 3/36; 2/36; 1/36; 0; 0; \cdots; 0)$，而 $U(2)$ 为 $(0; 0; 0; 0; 0.08\%; 0.30\%; 0.77\%\cdots)$。所以，既然玩家都从第 1 格开始起步，那么 $U(0)=(1; 0; 0; 0; 0; \cdots; 0)$。

据上文，按线性代数可得：对于所有的 $K > 0$，$U(K) = U(K-1) \times M$。所以 $U(1) = U(0) \times M$，$U(2) = U(1) \times M$。用此矩阵方程就能简洁地表示出上文的推算过程。通过计算可以毫无困难地确定，在掷 10 次或 100 次骰子之后的概率分布（图 13.4）。可以看出，$U(K)$ 逐渐趋向等概率分布，即到达每格的概率都是 1/40。

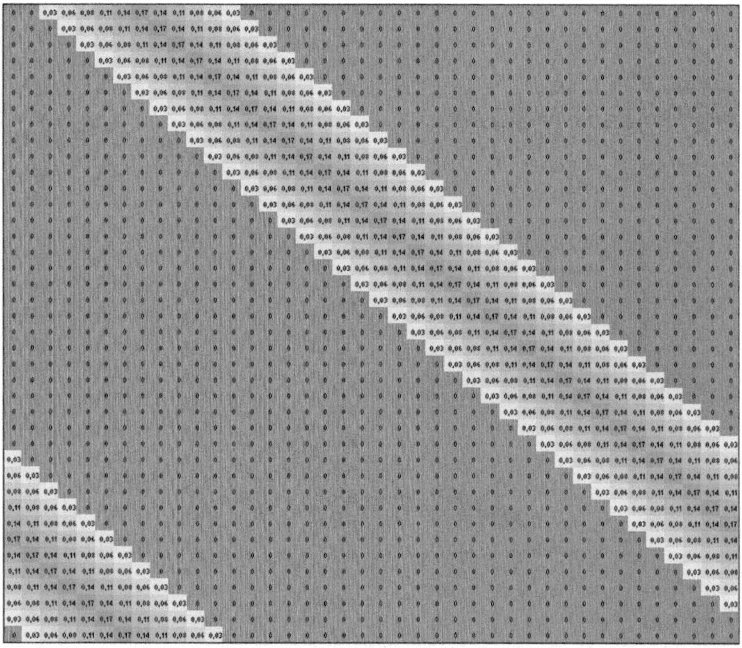

图 13.3　转移矩阵 M

第 i 行第 j 列的数表示从第 i 格到第 j 格的概率。

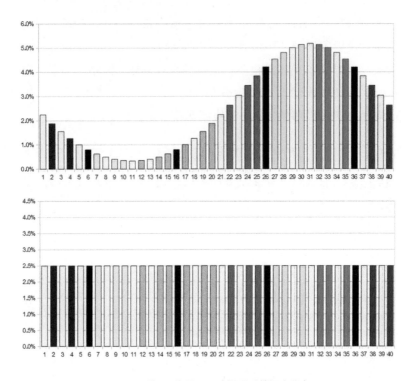

图 13.4　掷 10 次及 100 次骰子后的概率分布

只考虑骰子点数，不考虑其他规则。掷骰子次数越多，越接近等概率分布。

此模型只考虑了骰子点数，得出的结论是，最后到达所有格子的概率相同。但是，所有买过广州的人都知道，实际可不是这样的。某些格子更容易走到——原因很简单，因为要坐牢！

别落在起点

实际上，《地产大亨》中有一格不可停留：走到第 31 格进监狱时，玩家即转到第 11 格。这样一来，局面就完全不一样了，一切都要重新计算！其他原因也会导致入狱：连续掷出 3 个对子就要去第 11 格坐牢（掷出对子的概率是 1/6，连掷 3 次对子的概率是 $1/6^3$，即 1/216）。

重新计算也不复杂，修改转移矩阵 M 即可[①]。掷 10 次及 100 次骰子后，玩家到达格子的概率不等，广州那一格概率最小，而坐牢或探监那一格最常走到——这一格相当于两格，所以概率也是其他格平均值的 2 倍，落入其中的机会很大。既然玩家会经常"进局子"，那之后几格自然也更容易走到，橙色地产变成最保险的。

实际上，要让模型完整，还要考虑另外两个细节。

首先，要考虑出狱方式。玩家可以利用出狱卡，也可以掷骰子，凭运气掷出对子就可以出狱，不用交钱。结果，掷骰子点数为 8 或 10 时比点数为 7 或 9 时出狱的概率更高，于是，玩家走入牢房后面的奇数格的概率更高。

第二个不可忽视的要点，就是机会格和社会基金格。走到这些格可能赢钱或输钱，也会把玩家送回起点，或者送到别处，甚至送进高墙。走到 3 个机会格之一，便要抽取 16 张机会卡的最上一张，玩家可能被转到第 1（起点）、12（青岛）、16（上海站）、25（杭州）、40（上海）或 11' 格（坐牢），或者后退 3 格。走到社会基金格则可能被转到第 1（起点）、2（温州）或 11 格（探监）。（图 13.5）

---

① 只需把第 31 列转到第 11 列即可，第 31 列为空。至于三连对，因为只有 1/216 的概率，所以在 215/216 的情况中，按普通走法继续即可（将矩阵 M 乘以系数 215/216），否则玩家就得回第 11 格（将第 11 列的每一行加上 1/216）。

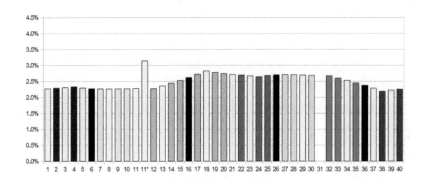

图 13.5　掷 100 次骰子后的概率分布

考虑了坐牢规则（掷出 3 连对和落入第 31 格），这里需要区分"探监"和"坐牢"，分别记为 11 和 11'。

　　我们再次修改转移矩阵，彻底确定《地产大亨》40 格的概率分布（图 13.6）。只考虑骰子点数得到的等概率分布完全不对，实际每格概率从 1% 到 4% 不等：机会格概率最低，因为它经常把玩家送到很远的格子；坐牢格概率最高，游戏要好玩，难免有人要去牢里走一遭。有趣的是，到达第 25 格（杭州，红色）的概率仅次于坐牢，因为有一张机会卡将玩家转到这一格。其次是第 17（成都）、19（扬州）、20（深圳）三个橙色格，因为概率最高的坐牢格在前面不远。第 16 格（上海站）的概率也很高，其他两个红色地产格的概率也不低。

　　最不值得投资的是第 38 格广州，虽然这一格的租金特别高，但蓝色格的概率较小，因此获利没那么高。

　　诚然，《地产大亨》各个格子的概率分布只是说来玩玩，但这些矩阵背后的理论是信息科学对大量数据进行算法处理的基础。最著名便是 PageRank 算法，谷歌用它按访问量高效分类网页。

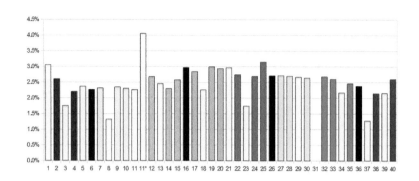

图 13.6 掷 100 次骰子后的概率分布

考虑所有规则，如出狱、机会卡、社会基金卡、3 连对和第 31 格（进监狱）。

下次玩《地产大亨》时，最佳策略是通过灵活的谈判买进橙色格和红色格地产，不仅赢的概率最大，而且游戏时间最短。当然，一开始就选个更有意思的游戏才是赢家之道。

* * *

"真不明白，我在所有红色格和橙色格地产上都建了酒店，还买了 4 个火车站，每次谈判都做到最好，怎么还输了呢？"

"单从博弈论说，你下得很棒，没什么好说的。但金融界有些事你没考虑到。其他人都偷拿了基金里的钱，还在桌子底下换了牌，掷骰子时也要了花招……"

14

如何选秘书

"昨天发的招聘启事有没有回复啊?"

"有,老板。我已经选出了 342 个符合要求的人选,正在前台等着呢。您打算怎么选?"

"那还不简单,先看简历呗……你说啥? 342 个?"

* * *

数学家喜欢做决定。周六商场打折,开车去购物,找车位的时候是一有空位就停进去,还是先转半圈,哪怕浪费点时间?是一看到加油站就加油,还是冒险跑更远一点,结果油价还更贵?如果收集球星卡,什么时候该停止整盒瞎买,转而去网上找单张?总之,在只能随机选择的时候,找来找去到什么时候才是个头?这都属于"最优停止问题",其中最著名的就是"秘书问题"。

作为英明的老板,你决定招个新人。传闻贵司只要优中之优,此言不虚。共有 N(此数目已知)人来参加面试,面试顺序随机。每次面试之后,你只有两个选择:要么聘用此人,面试结束;要么请其回家，老死不相往来。要注意，两个选择必择其一。如果到最后也没有找到满意的人选，则必须聘用最后一人。万万不可让平庸之辈混进公司啊！那么问题来了：想让雇到精英的机会最大，该何时终止甄选呢？

选择的标准其实只有一个：此人比之前的候选人都好吗？我们假设所有候选人可以从优到差排序，且没有资质并列的情况。选到最优者的机会如何能达到最大呢？

全国最佳数字项目主管

A、B、C、D 这个 4 人看了招聘启事后，前来应聘数字项目主管的职位。他们的资质参差不齐：A 一般，B 良好，C 优秀，D 则是顶级。作为招聘者，你的目标就是把 D 招进来。

面试顺序随机，共 24 种可能：ABCD、ABDC、ACBD、ACDB、ADBC、ADCB、BACD、BADC、BCAD、BCDA、BDAC、BDCA、CABD、CADB、CBAD、CBDA、CDAB、CDBA、DABC、DACB、DBAC、DBCA、DCAB、DCBA。

第一种策略是先到先得，不管其他人（即策略 0），选到最优者的概率为 1/4。另一种同样莫名其妙的策略是把所有人都面试一遍，但就要最后一人（策略 3），选到最优者的概率也是 1/4。

但成功概率可以高过 1/4，没想到吧。可以先面试 1 人了解一下大致水平，但这人肯定不要，仅供参考，一出现比他水平高的就直接要了（策略 1）。

这种方法真的比策略 0 和策略 3 好吗？我们来分情况讨论，看选到最优者 D 的概率有多高。

- 第一个面试的是C：唯一比C强的就是D，D一出现就会被录取，有6/24的可能性。
- 第一个面试的是B：此时，C和D谁先出现，谁被录取。在24种可能中，B为第一有6种：BACD、BADC、BCAD、BCDA、BDAC和BDCA，只有3种情况会选到D，所以最终选D的可能性有3/24。
- 第一个面试的是A：此时，第二个面试者会被选中。经过检验发现，只有2/24的可能性会选到D。
- 第一个面试的是D：那就把他淘汰了，认倒霉吧。

最终，按此法，有 11/24（即 46%）的可能性选到最优者。另外可知，选到 C 的概率为 7/24，选到 B 的概率为 4/24，选到 A 的概率为 2/24。

此策略的要点是放过第 1 人，只作参考。那放过更多人，成功概率会不会更高？比如前 2 人都不要（策略 2），如果第 3 人比前 2 人都好，就要第 3 人，否则只能选第 4 人。

此时，如果前 2 人是 AC、BC、CA 或 CB，D 肯定中选。如果前 2 人是 AB 或 BA，只有一半情况会选中 D。如果 D 是前 2 人之一，则被淘汰。由此可得 D 被选中的概率为 10/24（即 42%），而 C 被选中的概率为 6/24，B 和 A 被选中的概率只有 4/24。

放弃 k 个人，选择其后第一个比 k 个人都强的候选人，这样的策略称为"策略 k"。上文已验证，总数 $N = 4$ 时，最佳策略是策略 1，约有 46% 的可能选到最优者。

寻找"软广"之星

公司越做越大，该请人写写软文扩大影响了。这次有 5 人来面试，顺序依然随机，共 120 种。对每一种排列方式考虑策略 0 到策略 4，看看哪种最好。

最后可知策略 0 和策略 4 都只有 20% 的成功率，而放弃第 1 人（策略 1）会将成功率增加到 41.7%。策略 2 最佳，成功率为 43.3%。策略 3 的成功率只有 35%。这些都交由读者去验证吧，推理或枚举都可以。总之，最佳策略是放弃前 2 人。

如果面试人数更多呢？肯定有最佳策略，是哪一个？能找出来吗？完全可以！

已知 $N = 4$ 时，最佳策略为策略 1，$N = 5$ 时，最佳策略为策略 2。经过验证还可发现，$N = 6$ 和 7 时，最佳策略依然是策略 2，$N = 8$、9 和 10 时，最佳策略是策略 3。推而广之，可以证明[①]对于 N 个候选人，策略 $k(k > 0)$ 的成功概率为：

$$P(N, k) = \frac{k}{N}(\frac{1}{k} + \frac{1}{k+1} + \frac{1}{k+2} + \cdots + \frac{1}{N-1})$$

当 N 值较小时，我们毫不费力就能算出哪个是最佳策略（图 14.1）。

---

① 让我们来证明这个公式！对于 N 个候选人，我们可以分别考虑每个策略 k，$k \in [0, N-1]$，计算选到最优者的概率 $P(N, k)$ 是多少。设最优者为第 j 个候选人，j 为一个提前确定值的概率为 $1/N$。如果 $j \leqslant k$，则最优者被排除；如果 $j = k + 1$，那他来得正好，恰好会被选中；如果 $j > k + 1$，只有 $k + 1$ 到 $j - 1$ 之间没有合适人选时，他才会被选中，这一概率为 $k/(j-1)$。所以，最优者是第 j 个候选人且通过策略 k 被选中的概率是：$1/N \times k/(j-1)$，且 $j > k$。若 $j \leqslant k$ 时，此概率为 0。由此可得，选中最优者的概率为 $P(N, k) = \sum_{j > k} 1/N \times k/(j-1)$，整理后可得 $P(N, k) = k/N \sum_{j > k} 1/(j-1)$。

实际上，有一种简单的算法，可以算出任意（足够大）N 值的最佳策略是策略 N/e。这里的 e 是自然常数，即自然对数的底数，这是最重要的数学常数之一[①]，约等于 2.71828，许多数学领域都要用到它，我无法一一列举。N 足够大时，策略 N/e 选到最优者的概率在 36.8% 左右（即 1/e）。

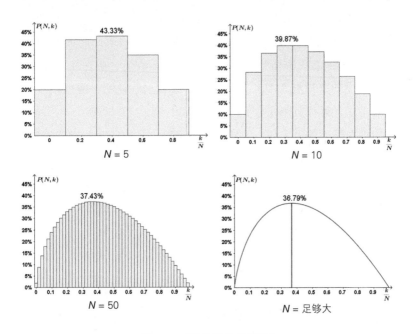

图 14.1　不同策略的成功概率

当 N = 5、10 和 50 时，不同策略的成功概率不同。用积分可以证明，N 越大，策略 k 的成功概率越接近 $P(N, k) = \dfrac{k}{N}\ln\left(\dfrac{N}{k}\right)$，即图中橙色曲线所示。

---

① 数学界为了 e 和 π 哪个才是最重要的数学常数争论不休。还有人推举虚数单位 i 或者整数 0，但这两个常数的影响力较小。唯一确定的是，大家都嘲笑黄金比例 φ 的拥戴者。

假如你要招聘一个会计，有 10 万人来面试，根据以上理论应该采用策略 100000/2.71828 = 36 788，即面试前 36 788 人，但不录取，仅作参考，待到之后出现比这 36 788 人都好的候选者时，就直接录取。这时，你选到 10 万人中最优者的概率约为 36.8%。

谁想赢得古戈尔？

当了一回人力资源经理，是不是很过瘾？"最优停止问题"最早出现在 1960 年 2 月号的《科学美国人》杂志中。马丁·加德纳在其专栏"数学游戏"中提出了一种"古戈尔游戏"：玩家在 100 张纸上随便写下一些数字，正面朝下让另一玩家猜；这些数字可大可小，可能大如古戈尔，即 10^{100}，游戏由此得名；第二个玩家一页页翻，觉得找到最大数时就停止。

"古戈尔游戏"的最佳策略与之前讨论的一样，如果有 100 张纸，则应采取"策略 36"。加德纳在下月的专栏中就公布了这个解。

"最优停止问题"还有很多其他名称，如"结婚问题"——花花公子让女生一个个从面前走过，从中选一个做妻子，此外还有"嫁妆问题""选美问题"等，总是有些歧视女性的倾向……

这风气的源头可追溯到 17 世纪。德国天文学家开普勒的第一任妻子死于霍乱，他决定再娶一个，又不想要之前那样的包办婚姻，于是就组织了史上最漫长的相亲。2 年内共有 11 位女性回复他，开普勒仔细比较了每个人的优缺点，最后娶了苏珊娜·罗伊廷厄。她是 11 位候选人中的第 5 位，二人婚后生了 7 个孩子。实际上，不能说开普勒提出了"秘书问题"，大部分假设他都没有遵守，而且他还可以反悔。但开普勒处理恋爱问题的方式，让他成了"最优停止"的先驱。

　　"秘书问题"的模型并不切实际，称职的人力资源经理事先知道要找什么样的人，而应聘的总人数也许不能预知。面试需要时间，而时间就是金钱，不仅要找到最优者，还要避免拖拉。错过就不能反悔？只要候选人还未另谋高就，当然可以反悔。人力资源经理还可降低预期标准，不一定非要追求完美，在最优的两者之间择其一即可。

　　数学家对于好问题总是不厌其烦。从20世纪60年代起，针对以上每一种方法都有数十篇研究文章。对"最优停止问题"的探索远没有停止，因为它在金融领域有很多（太多）应用。什么时候应该停止不假思索就生搬硬套数学模型的行为呢？这也是一个尚待解答的"最优停止问题"……

＊ ＊ ＊

　　"下一个！"

　　"您好，这是我的简历。"

　　"嗯，您各方面的经历都很棒。有基础数学、比较文学、材料化学三个博士学位，还有宠物专业技术证和教师证。去年还获得了诺贝尔和平奖，能流利运用19种语言，掌握所有的办公软件，28个奥运会项目中您会20种且达到高级水平，包括皮划艇。您真的为之后的应聘者设立了很高的标准。下一个！"

15

山无陵，天地合，
乃敢与君绝

前情提要：

热情奔放的帕梅拉暗恋着英俊潇洒的肖恩博士，但肖恩已和讨人厌的杰西卡结婚。帕梅拉还幻想着能和文艺、儒雅的罗德尼博士来一段情，但她刚刚答应了布莱德利的求婚。布莱德利疯狂地深爱着帕梅拉，对杰西卡和金伯莉视若无睹。罗德尼知道，自己虽然和金伯莉结了婚，但杰西卡才是他的真爱。肖恩会向帕梅拉表露真心，说爱她胜过杰西卡吗？帕梅拉会向肖恩倾吐情衷，说爱他胜过布莱德利吗？罗德尼会不顾一切追求并不爱他的杰西卡吗？敬请观看，《焚情烈焰》第 74 088 集！

* * *

剪不断理还乱的感情戏，等待肾移植的病人，申请梦想大学的学生，他们之间有什么共同点？这问题似乎有点莫名其妙，但问题的答案却获得了诺贝尔奖！这就是"稳定婚姻定理"。

先说点题外话。从 1901 年开始颁发的诺贝尔奖包括文学、医学、物理、化学等领域的奖项，获奖者都是各个领域内的巨擘，诺贝尔奖也享誉世界。1968 年，瑞典银行携手诺贝尔基金会，又增加了一个新奖项："纪念阿尔弗雷德·诺贝尔瑞典皇家银行经济学奖"。但始终没有诺贝尔数学奖，实在令人遗憾。发明了炸药的诺贝尔为什么没有设立数学奖？真正的原因不得而知。有传闻说，他的妻子与一位数学家过从甚密。或者，诺贝尔觉得数学不能让世界变得更美好？世上有两个奖项可以堪称"数学界的诺贝尔奖"：一是阿贝尔奖，由挪威科学与文学院每年颁发一次，表彰数学家的一生成就；二是菲尔兹奖，由国际数学家大会每四年一次颁给 40 岁以下的青年数学学者。然而，数学家们还是找到了迂回获得诺贝尔奖的方法——瞄准诺贝尔经济学奖。

最近一位走此线路的数学家是劳埃德·沙普利，他和经济学家阿尔文·罗思同获 2012 年诺贝尔经济学奖。他们巧妙地把"稳定婚姻定理"用于调节供求关系。但他们的研究与金融无关，而是为了给实习医生分配医院，或给等待移植的病人分配合适的肾脏。数学家大卫·盖尔也进行了相关研究，如果他没有在 2008 年不幸逝世，得奖的可能是他。

言归正传，让我们回到之前这部情感大戏吧。

第 74 088 集：稳定婚姻问题

上文中"纯洁"的男女关系可归纳为：3 女（帕梅拉、杰西卡、金伯莉）和 3 男（布莱德利、罗德尼、肖恩）各有理想对象，按喜好程度排序如下：

帕梅拉（P）	r > s > b	布莱德利（b）	P > J > K
杰西卡（J）	s > b > r	罗德尼（r）	J > K > P
金伯莉（K）	b > r > s	肖恩（s）	K > P > J

这一集开始的配对是：帕梅拉和布莱德利，杰西卡和肖恩，金伯莉和罗德尼。

但这种配对不"稳定"：帕梅拉更喜欢肖恩而不是布莱德利，肖恩更喜欢帕梅拉而不是杰西卡，所以帕梅拉和肖恩都想离开现伴侣，携手私奔到天涯。有没有一种配对，能让大家抵抗住出轨的诱惑？对编剧来说，越混乱越好看，但数学家想让大家好好过日子。

3男3女有6种配对方法（只考虑男女搭配），其中3种不稳定（如上所示，有人想私奔），其他3种虽然不能与最爱共度一生，但大家都可以接受。比如，某男最后和第三选择在一起，但没有其他男士想放弃现伴侣，转而选择此女。

3种稳定配对如下。

- 每个女士都选择第一意愿（对男士非最优选择）：帕梅拉和罗德尼，杰西卡和肖恩，金伯莉和布莱德利。
- 每个男士都选择第一意愿（对女士非最优选择）：帕梅拉和布莱德利，杰西卡和罗德尼，金伯莉和肖恩。
- 大家都将就一下，选择第二意愿：帕梅拉和肖恩，杰西卡和布莱德利，金伯莉和罗德尼。

只有这3种配对方法不会有人私奔。
爱恨纠缠都能如此化解？请看下集！

第 74 089 集：盖尔 – 沙普利算法

前情提要：

帕梅拉和肖恩互诉衷肠，决定抛下布莱德利和杰西卡，双宿双飞。杰西卡不顾金伯莉的阻挠，向布莱德利求婚。但布莱德利能抗拒镇上新来的双胞胎姐妹艾诗丽和凯蒂丝吗？戴茜会不会把戴维和芭芭拉的真相告诉阿斯特？查理能否及时进行肾移植手术？敬请观看，《焚情烈焰》第 74 089 集！

我们来把问题推广一下。假设有 N 男 N 女要互定终身（还是只考虑男女搭配），每个男士根据喜好程度给女士排序（无并列，无遗漏），女士也给男士排序。"稳定婚姻问题"可表述为：是否总能配成 N 对稳定伴侣，而没有伴侣 (A, α) 和 (B, β)，其中 A 喜欢 β 多过 α，而 β 也喜欢 A 多过 B ？

"稳定婚姻问题"还有个变体——"合租问题"（同性可配，即超越性别的"稳定婚姻问题"）。$2N$ 个学生要合租 N 个房间，每人都有喜欢和不喜欢的室友，按个人喜好程度排序，分配结果要稳定，不能有两个不住一屋的学生都想让自己的室友滚蛋，而让对方住进来。很快就能发现，此变体在某些情况下无解。

假设有 4 个学生 A、B、C、G，A 最喜欢 B，B 最喜欢 C，C 最喜欢 A，而谁都不想和 G 这个矫情鬼住一屋。此时不管怎么组合，和 G 一屋的人总是想换室友。

从"合租问题"可以看出，要让婚姻稳定并不容易，也许人类就是无法抗拒出轨的诱惑呢？错！男女搭配总能找到稳定配对，让大家白头偕老，步骤也很简单。

　　首先，男士去找最喜欢的女士。如果某女士被 2 位及以上的男士示爱，则选自己最中意的（先不着急结婚）。

　　被拒绝的男士转而向第二选择示爱。女士则在上一轮已示爱男士（如果有）和新一轮示爱男士中选最喜欢的。每位女士都获得至少一次示爱时，配对结束，可以举行婚礼啦！

　　照此办法，一定时间后，每位女士都会被表白，而男士不会向同一女士示爱 2 次。最重要的是，由此得出的婚姻必然稳定。比如，罗德尼喜欢杰西卡，但算法却把金伯莉配给他。配对时，罗德尼一定先找杰西卡，只有杰西卡看上别人并主动离开时，罗德尼才能去找金伯莉。也就是说，杰西卡更喜欢现丈夫，而不是罗德尼，这样的结合才是稳定的。

　　此算法对男士最优。如果男女交换，则对女士最优。如果两结果刚好一致，说明只有一种稳定组合。

　　我举例说明。假设有 4 女（艾什丽、芭芭拉、凯蒂丝和戴茜），4 男（阿斯特、布莱德利、查理和戴维），喜好排序如下：

艾什丽（A）	d>c>a>b	阿斯特（a）	A>B>C>D
芭芭拉（B）	b>d>a>c	布莱德利（b）	A>D>C>B
凯蒂丝（C）	d>a>b>c	查理（c）	B>A>C>D
戴茜（D）	c>b>a>d	戴维（d）	D>B>C>A

　　第一步，艾什丽会被 2 人示爱（阿斯特和布莱德利），芭芭拉和戴茜只有 1 人示爱。艾什丽会留下阿斯特（第 3 选择），拒绝布莱德利（第 4 选择）：

- 艾什丽：阿斯特　布莱德利
- 芭芭拉：查理

- 凯蒂丝：……
- 戴茜：戴维
- 等待中：布莱德利

　　布莱德利又向第二选择戴茜示爱。戴茜喜欢布莱德利多过戴维，于是戴维被抛弃。

- 艾什丽：阿斯特　布莱德利
- 芭芭拉：查理
- 凯蒂丝：……
- 戴茜：戴维　布莱德利
- 等待中：戴维

　　约会继续。戴维向芭芭拉示爱，被接受，查理被抛弃。查理向艾什丽示爱，艾什丽为他放弃阿斯特。阿斯特向芭芭拉示爱被拒，只好牵手凯蒂丝。配对完成，而且稳定！

- 艾什丽：阿斯特　布莱德利　查理
- 芭芭拉：查理　戴维　阿斯特
- 凯蒂丝：阿斯特
- 戴茜：戴维　布莱德利

　　此算法的结果对男士最优。在本例中，对女士也最优——此设定下只有一种稳定配对。
　　另外，男女数量不等时，此算法依然有效。

第 74 090 集：诺贝尔奖的获得者是……

前情提要：

阿斯特无奈之下只好选择凯蒂丝，如果她发现自己只是第三人选，会作何反应？生性冲动的杰西卡知道了布莱德利和戴茜的过往会如何？查理能及时接受肾移植手术吗？肖恩真的是医生吗？稳定婚姻问题与经济学有什么联系？敬请收看，《焚情烈焰》第 74 090 集！

1962 年，大卫·盖尔和劳埃德·沙普利发表文章，研究 N 个学生申请 M 个大学的问题（大学招生人数有限），为"稳定婚姻定理"打下基础。"大学申请问题"的解法同"稳定婚姻问题"一样，学生按喜好顺序向大学提出申请。

沙普利还研究了另一种情形———一方无特定喜好，典型例子就是给器官捐献者和等待移植病人配对。沙普利调整了"稳定婚姻算法"，建立了一个系统，在美国许多州沿用至今。

20 世纪 80 年代，阿尔文·罗思研究了美国住院医生分配项目（NRMP），此项目用于将实习医生分到全国各医院。他发现此项目用的是盖尔 - 沙普利算法，分配结果稳定。后来在 1995 年，太多医生情侣要求分在同一区，该系统就不管用了。罗思受命改进算法，新系统至今仍在使用。

其实，劳埃德·沙普利和阿尔文·罗思从未共事过，他们一个提出理论，一个进行实践，结合起来最终获得诺贝尔奖。谁说数学家不能让世界变得更美好呢？

* * *

前情提要:

劳埃德和阿尔文最终折桂。但好景不长,凯蒂斯看穿了阿斯特的为人,要把家族企业份额卖给直接竞争对手。杰西卡惊觉布莱德利和戴茜有一私生子,犹如晴天霹雳,她再也不相信爱情。查理觉得肖恩在骗他,对其医术起了疑心。命运纠葛,何去何从?敬请观看,《焚情烈焰》第 74 091 集,大结局!

16

议会席位怎么分？

"我要送指环去魔多。"

"佛罗多，无论多久，让我助君一臂之力。"

"出生入死，在所不辞，宝剑任君号令。"

"我的弓也任君号令。"

"我的斧也任君号令！"

"慢点慢点，别七嘴八舌的，队里没那么多位置。我们投票吧，看谁送指环去末日山。"

* * *

法国是民主国家，我隔三差五就得去投票，在小隔间里写下一个或几个名字，装入小信封。上次投票是选地区委员，6 年 1 届。

与总统选举、省议会选举、国民议会选举不同，法国地区选举的席位"按比例"分配。说得具体点，就是（两轮）赢者多占比例代表制，得票最高者先占 1/4 席位（按进一制[①] 计算），其余 3/4 席位按比例分配。其中还有些小细节，得票 5% 以下的党派不参与席位分配。在第二轮投票开始前，得票 5% 以上者可与得票 10% 以上者联合。此乃法国《选举法》第 L338 条的规定，由 2003 年 4 月 11 日第 2003-327 号法律修改确立。此条法律还更加细致地规定，席位按"最大均数法"分配。数学家看到《选举法》里出现这样的字眼，真是激动万分啊！

让我们先告别法国，去中土世界看看。甘道夫为保护指环要组建一个兄弟会，共有 8 个席位。公平起见，他让大家投票，按得票比例分配席位。开始有许多党派参与选举，到第 2 轮只剩 3 个：人族党、霍比特运动、精灵与矮人联合会。参与投票的只有 410 人。结果霍比特人以 217 票（52.9%）大比例胜出，人族党获得 120 票（29.3%），精灵与矮人仅获 73 票（17.8%）。问题来了，霍比特人当然应占更多席位，但到底是多少呢？

如果严格按比例分配，霍比特人应得 4.23 席（$8 \times 52.9\%$），人族党应得 2.34 席（$8 \times 29.3\%$），精灵与矮人应得 1.42 席（$8 \times 17.8\%$）。但席位又不能砍成两半，只能是整数。如何取整？如果用进一法，则 $5 + 3 + 2 = 10$，共需 10 个席位，比实际 8 席多出 2 席。如果用去尾法，则 $4 + 2 + 1 = 7$，又比实际 8 席位少 1 席。用四舍五入法也多出 1 席。

这怎么行？ 8 个席位一个不能多，一个不能少。当然，也可以采用抽签或者"抢座位"游戏决定最后 1 席归谁。但和平来之不易，哪一族也不能触怒。

为了拯救中土世界，只能召唤数学家了！

---

① 如果出现小数，就取大于小数的最小整数，如 2.3 和 2.7 都进一位为 3。

——译者注

最大余额法：黑尔数额

最直观也是最早被考虑的方法，就是最大余额法。英国人托马斯·黑尔第一个提出按比例分配席位的具体方法。但他只是政治改革者，不是数学家，因此他的方法有缺陷，我们后面再说。

黑尔提出的具体做法如下：用公式（所获选票数）×（席位数）/（选票总数）算出每个党派的精确分配数，取其整数部分给予席位。剩余席位依次给予余额最大者——即小数部分最大者，称为"最大余额原则"。

以中土投票为例，精灵与矮人联合会的剩余小数部分最大，所以再得 1 席，在兄弟会中占 2 席（表 16.1）。

表 16.1　整数部分席位分完后，还剩 1 席。精灵与矮人联合会的剩余小数部分最大，将获得此席位

党派	得票数	精确分配数	第一步分得席位	剩余小数部分	另得席位	最终席位
霍比特运动	217	4.234	4	0.234	0	4
人族党	120	2.341	2	0.341	0	2
精灵与矮人联合会	73	1.424	1	0.424	1	2

"黑尔余额法"是 19 世纪第一种按比例分配法，但很快就让位给了其他方法，现在只有意大利选欧洲议会的议员时还在沿用。这种方法为什么被弃用了呢？因为它会产生"阿拉巴马悖论"。

1880 年，美国政府进行 10 年一次的人口普查，正好借此机会重新计算众议院各州席位，因为席位应与人口成比例。总席位数未定，故而有好几种可能。总席位为 299 席和 300 席的情况引起了美国人口普查局的注意。按照"黑尔余额法"，阿拉巴马州在总数为 299 席时可

得 8 席，而总数为 300 席时却只得 7 席。仔细看一下人口普查的数据便会发现，当有 299 席时，第一步分出 277 席，阿拉巴马州分得 7 席，其小数部分排名第 22 位，所以又获 1 席；当有 300 席时，第一步分出 280 席，阿拉巴马州的小数部分列第 21 位，不能再获额外席位。悖论就此产生。

指环兄弟会也会碰上同样的奇怪情况。如果甘道夫让出预留给自己的席位，总席位变为 9，重新计算一下问题就来了（表 16.2）。霍比特人和人类各多 1 席，精灵与矮人联合会只得 1 席。所以，还是别用"黑尔余额法"了。

表 16.2　如果总席位为 9，用"黑尔余额法"重新计算，精灵与矮人联合会反而少 1 席

党派	选票	精确分配数	第一步分得席位	剩余小数部分	另得席位	最终席位
霍比特运动	217	4.763	4	0.763	1	5
人族党	120	2.634	2	0.634	1	3
精灵与矮人联合会	73	1.602	1	0.602	0	1

为了理解此方法的缺陷，可用等边三角形来表示不同的得票情况。3 顶点对应 3 党派，A 是霍比特运动，B 是人族党，C 是精灵与矮人联合会。

顶点表示相应党派获得全部选票，而三角形中点代表选票完全均匀地分给 3 个党派。得票情况可用三角形重心[①] 位置来表示，离某顶点越近，则相应党派得票越多。

比如，按 A、B、C 权重为 217、120、73 计算，所得重心即代表 217 : 120 : 73 的得票结果。霍比特人得票比其他两党多得多，所以重心离顶点 A 也相应近得多（图 16.1）。

———————

① 几何中，三角形的重心即平衡点。如果在顶点配权重，则平衡点也随之改变。

图中所划区域代表了最大余额法得出的席位分配。按 8 席划分，则得票 217∶120∶73 对应的点落在区域（4，2，2）。但按 9 席划分，这一点却落在区域（5，3，1）（图 16.2）。这就用几何方法表示出了"阿拉巴马悖论"——总席位不一样时，"黑尔余额法"分区不重合。

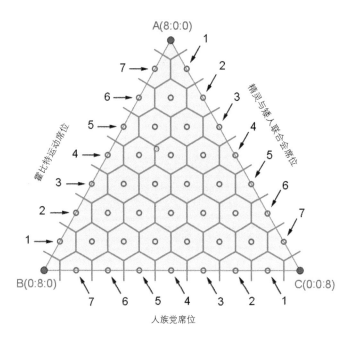

图 16.1　得票示意图（一）

三角形中每一点对应一种得票结果。总席位有 8 席，按"黑尔余额法"划分出不同区域（六边形），对应不同席位分配。图中黄点代表中土世界的投票结果，即按 A、B、C 权重 217、120、73 得到的重心，最后落在区域（4，2，2）内。

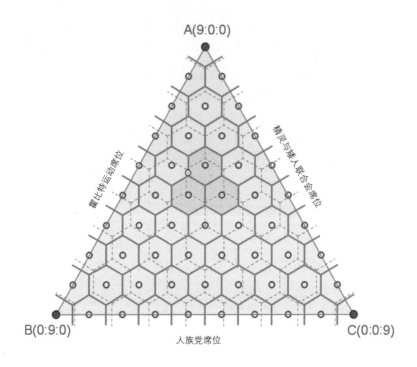

图 16.2 得票示意图（二）

按"黑尔余额法"，总席位为 8 席和 9 席时的分区不重合。比如，黄点代表权重为（217 : 120 : 73）的得票结果，总席位为 9 时，它位于黄色区域（5, 3, 1），而不是我们所期望的位于深蓝色区域（5, 2, 2）、（4, 3, 2）或（4, 2, 3）。

"黑尔余额法"也不必被彻底放弃，只需稍加改进即可。总席位增加时某党席位反而减少的"阿拉巴马悖论"虽然无法避免，但可以限制。比如，瑞士选举联邦议会国民院代表时，使用的方法近似"黑尔余额法"，称为"哈根巴赫 – 比朔夫数额法"，得名于瑞士物理学家爱德华·哈根巴赫 – 比朔夫。在此变体中，不按总席位数计算精确分配数，而以总席位数 +1 计算。

最大均数法：东特法

"阿拉巴马悖论"能否被彻底消除呢？能。法国地区选举使用的最大均数法就由此而来。要注意的是，虽然法国《选举法》规定使用"最大均数规则"，但并未说明具体哪种。其实有好几种最大均数法，相似也相异。最主要并被实际运用的是"东特法"，得名自比利时法学家、数学家维克多·东特。

其概念是将席位一个一个分出去，而不像最大余额法那样一下子全分出去。这就避免了"阿拉巴马悖论"，因为就算总席位增加，已分配席位也不会收回。

具体做法如下：暂给每党 1 席，得票数与席位数之比最高的党可保留此席，第 1 个席位分配完成。以此类推，直到所有席位分完。

在实际操作中，可以用表格形式列出得票数与所有可能的席位数之比，取比值最大的前几位，即可知晓相应党派应得多少席位。

将此法用于中土世界，不管总席位是 8 个还是 9 个，精灵与矮人联合会都只能拿到 1 席，还是被亏待。因此，采用"东特法"的变体——得名自法国数学家安德烈·圣拉古的"圣拉古法"会更好：每轮席位不是一个一个分，而是一对一对分（表 16.3）。

最大均数法依然难逃悖论的困扰。按此法，某党所获席位可能不符合精确分配数的取整，比如某党精确分配数为 4.1，却只得 3 席。此谓不符合配额规则。

表 16.3　不同的最大均数法

党派	得票	东特除数								最终席位数
		1	2	3	4	5	6	7	8	
霍比特运动	217	217.0	108.5	72.3	54.3	43.4	36.2	31.0	27.1	5
人族党	120	120.0	60.0	40.0	30.0	24.0	20.0	17.1	15.0	2
精灵与矮人联合会	73	73.0	36.5	24.3	18.3	14.6	12.2	10.4	9.1	1

党派	得票	圣拉古除数								最终席位数
		1	3	5	7	9	11	13	15	
霍比特运动	217	217.0	72.3	43.4	31.0	24.1	19.7	16.7	14.5	4
人族党	120	120.0	40.0	24.0	17.1	13.3	10.9	9.2	8.0	2
精灵与矮人联合会	73	73.0	24.3	14.6	10.4	8.1	6.6	5.6	4.9	2

取最大的 8 个数值（橙色），即可知晓相应党派应得的席位。如再多 1 席，则这第 9 席给予下一个最大值即可（黄色）。指环兄弟会若按"东特法"分配席位，精灵与矮人联合会也不占优。对他们而言，圣拉古法更好，可得应得的 2 席。

有没有一种比例分配法，完全没有悖论呢？数学家米歇尔·巴林斯基和经济学家佩顿·扬钻研过此问题，并于 1980 年提出了一条惊人的定理：在数学上，不可能有一种比例分配法，既符合配额规则，又没有任何悖论。所以，数学证明了，比例代表制民主不可能完美。但这才是地区选举，下面再看看数学家对总统选举有何高见……

* * *

中土世界第四纪元就此开始……指环兄弟会虽已解散，但爱与友谊永远联系着他们。自甘道夫组织比例代表制选举起 13 个月过去了，现在我们眼前是一派熟悉的景象——到家了。

17

如何选总统?

"这次总统选举,你要投票给谁啊?"

"我自有想法,选择一定要慎重。照民调来看,我最喜欢的两个候选人都没机会当选,而且两个人中我只能投一个。或者,我应该投给主张类似、能进第二轮选举的那个人——他稍差点,但聊胜于无啊。实在不行还可以投给极右派那女的,她第二轮肯定输,另外那人赢了也怪不着我,是吧?还有那个中间派,他倒是寻求共识,也能服众,但恐怕没人会真的给他投票吧……"

* * *

决定一国命运的人该怎么选?数学家曾研究出许多投票方法,创意十足。这里只讨论"多数一人当选制"——最终只选一人。如果全民投票,如法国总统选举或立法选举,称为直接选举。也可由一些人代表人民投票,如美国总统选举或法国国民议会议长选举,称为间接选举。如何选出最能代表民意的人?这就是我们要研究的问题。一人一票,真能选出大家都想要的人吗?

要选出人心所向的总统，第一个想到的便是"两轮多数当选制"，法国总统选举就使用此方法。选民给候选人投票，如有人获得绝对多数（多于 50% 的选票），即当选；否则进行第二轮，候选人数有限，通常为 2 人。也有"一轮多数当选制"，如墨西哥总统选举。

还有一种方法需要选民给候选人排序，如澳大利亚众议院选举，这种方法称为"排序复选法"：有多少票把某人列为最佳，该人得票就是多少；如果无人获得绝对多数，则获得最少"最佳"票的人被淘汰，选该人为"最佳"的选票转给这些选票中的第二人选。以此类推，候选人被一个个淘汰，直至有人获得 50% 以上选票。此方法还有一种变体，称为"库姆斯法"，道理一样，只是淘汰获得最多"最差"票的人，而非获得最少"最佳"票的人。此方法和许多电视选秀很像。正如真人秀节目《幸存者》的投票制那样，谁活到最后谁胜利。

"波达法"更有创意，俗称"歌手大赛法"：选民给候选人打分，通常最佳者为 N，其余依次减 1，得分最高者胜出。

这些选举制度中，有没有最好的一种方法？选民能不能达成共识？那得看大家对选举是什么态度，但如果想要符合常识性的规则，那答案是……不能！

民主的悖论

我们举例说明（图 17.1）。在那遥远的地方，有 4 座城市，人口分别为 3500、2400、2100 和 2000。A 城是首府，在最西边，人口也最多，B、C、D 城都位于东边。有人要建动物园，在任何一城皆可。当然，人人都想动物园离自己家近点，这样摸斑马、赏鲸鱼也不用跑太远。比例代表制选出的地区委员会决定倾听民意，让民众投票选址。大家当然只投自己城市，结果显而易见：若采用一轮多数当选，那首府 A 城必赢；若采用两轮多数当选，由于 A 城离另 3 城太远，第二大城 B 会胜出；若用库姆斯法，A 城人口虽多，第一轮就会被淘汰，依然是 B 城胜出；若用排序复选法，人口最少的 D 城第一轮被淘汰，其选票会转给第二选择——人口第三的 C 城，C 城顺利通过第二轮，并最终在第三轮中胜出；若用波达法，人口最少的 D 城会胜出，因为大部分人将其作为第二选择。

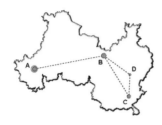

城市	人口	喜好排序
A	3500	A > B > D > C
B	2400	B > D > C > A
C	2100	C > D > B > A
D	2000	D > C > B > A

(a)

两轮多数当选制		
城市	第一轮得票比例	第二轮得票比例
A	35%	35%
B	24%	65%
C	21%	-
D	20%	-

(b)

一轮多数当选制	
城市	得票比例
A	35%
B	24%
C	21%
D	20%

(c)

排序复选法			
城市	第一轮得票比例	第二轮得票比例	第三轮得票比例
A	35%	35%	35%
B	24%	24%	-
C	21%	41%	65%
D	20%	-	-

(d)

库姆斯法		
城市	第一轮最差票比例	第二轮得票比例
A	65%	-
B	0%	65%
C	35%	35%
D	0%	0%

(e)

波达法					
城市	被选为第一（4分）	被选为第二（3分）	被选为第三（2分）	被选为第四（1分）	总分
A	3500	0	0	6500	20500
B	2400	3500	4100	0	28300
C	2100	2000	2400	3500	22700
D	2000	4500	3500	0	28500

图 17.1 此区域有 4 个城市，不同的选举方法会得出不同的结果

(a) 若采用两轮多数当选制，则 B 城胜出，因为 C 和 D 城居民在第二轮会投票给 B 城。(b) 若采用一轮多数当选制，则 A 城胜出，因为其人口最多。(c) 若采用排序复选法，则 C 城胜出，因为其在第二轮中获得 D 城的选票而排第一，在第三轮中又获得 B 城选票而最终当选。(d) 若采用库姆斯法，则 B 城胜出，因为 A 城在第一轮被淘汰，第二轮其选票给 B 城，B 城获得绝对多数。(e) 若采用波达法，则 D 城胜出，因为大部分人把 D 城作为第二选择，总评分最高。

总之，每个城市都有可能当选，就看用哪种投票方法，这么看来哪种也不可靠。

但在这一例子中，有一座城最能服众——B 城，因为面对任一其他城市，B 城的支持者都肯定超过半数。4 座城分 8 组，两两对决即可见分晓（表 17.1）。不管对谁都能获胜的，称为"孔多塞赢家"，得名自孔多塞侯爵，他是 18 世纪末第一批从数学角度研究选举代表性的人之一。

表 17.1　4 座城按 8 组两两对决，B 城总胜出，称为"孔多塞赢家"

孔多塞法				
对决	A	B	C	D
A	—	A：35 % B：65 %	A：35 % C：65 %	A：35 % D：65 %
B	B：65 % A：35 %	—	B：59 % C：41 %	B：59 % D：41 %
C	C：65 % A：35 %	C：41 % B：59 %	—	C：21 % D：79 %
D	D：65 % A：35 %	D：41 % B：59 %	D：79 % C：21 %	—

所以，只要找到"孔多塞赢家"，大家都服气，问题就解决了。这看似不错，但事情没这么简单。在某些情况下，这样的候选者不存在。可举的例子很多，比如在体育比赛中，3 支队伍互有胜负，谁也不比谁强。同样，没有任何一只宠物小精灵的属性[①]可谓最强，猜拳游戏中的石头、剪刀、布谁也不会必胜。

这种现象称为"非传递性"，当候选人达到 3 个以上时就可能出现。假设 A、B 和 C 三人参加选举，选民分成三派，选择如下：

- 35%认为A > B > C；
- 24%认为B > C > A；
- 41%认为C > A > B。

----

① 宠物小精灵的属性会影响战斗结果：比如，水克火，火克草，草又克水。

由此可知，65% 的人认为 C 比 A 强，76% 的人认为 A 比 B 强，59% 的人认为 B 比 C 强。如果 C 当选（一轮或两轮多数当选制），仍有超过一半的人认为 B 更能胜任。总之，在某些情况下，"孔多塞赢家"不存在。但如果存在，如动物园选址的例子，各种选举方法能否把赢家找出来？答案又令人失望：上述 5 种方法都不能保证做出最佳选择。不难想象，某位候选人被所有选民列为第二人选。在多数当选制中，这位候选人无任何当选的可能，但如果和其他候选人单个对决，他都会胜出。

幸好，十几位数学家向孔多塞侯爵伸出了援手。他们提出了一些方法，只要"孔多塞赢家"存在，就一定能找出来。经济学家邓肯·布莱克于 20 世纪初提出了最简单的一种方法，综合了两种选举方法：选民先按喜好给候选人排序，然后按孔多塞法让候选人两两对决；如果孔多塞赢家存在，即会胜出；若不存在，就按波达法给候选人打分，以决胜负。布莱克的方法保证了存在"孔多塞赢家"时将其选出，不存在时，最终当选者也代表了民意。

阿罗来了

要不要放弃所有多数当选制，改用布莱克方法，或其他孔多塞法的变体？

其实不用急于定论，因为就连孔多塞法也不能保证选举是"民主"的。

1951 年，肯尼斯·阿罗研究了什么样的投票过程才能算民主。20 年后，他获得了诺贝尔经济学奖。假设最少有 3 名候选者，最终只选出 1 人，选民按喜好程度给候选人排序。阿罗指出，民主选举应符合三大原则。

其一，普遍原则：任何排序都不能先验被否。比如，宪法不能禁止选民将 30 岁以下候选人排在末位。前文各选举方式都符合此原则。

其二，全体原则：如果每个选民都觉得 A 比 B 强，那最后结果也应该是 A 比 B 强。这是理所当然的事，前文各选举方式也都符合。

其三，独立原则：备选不应影响相对排序。这就有问题了，两位候选人的最终排序只应取决于每个选民的偏好，也就是说，如果另有第三位候选人退选，此二人排序不变。前文的选举方法中没有一个符合该原则。比如在动物园选址的例子中，若采用一轮或两轮多数当选制，A 城胜过 D 城；但如果 C 城宣布退出，其选票会转给 D 城，D 城就会胜过 A 城。

于是，肯尼斯·阿罗提出问题：同时符合以上三个原则的民主选举该是什么样的？数学分析的结论令人吃惊：只有一种选举方式能称为"民主"，那就是"独裁"——某一选民的排序即决定所有候选人的最终排序，不管其他选民的意愿。这当然不行，于是民主选举有了第四条原则——非独裁原则。根据"阿罗不可能定理"，如果选举至少有 3 名候选人和 2 名选民，则不可能同时符合普遍、全体、独立、非独裁这四条原则。

解决办法还是有的，因为阿罗的定理只适用于排序选举。其实，可以让选民给每位候选人评级，分为"优秀""良好""一般""及格"等级别，最终结果取决于大部分人的评级，也就是一个由至少 50%以上的选民决定的中间值。这一系统由两位法国学者里达·拉腊基和米歇尔·巴林斯基发明。巴林斯基还证明了比例代表制选举必有悖论。

将此法用于动物园选址（表 17.2），选民按距离评级。首府 A 的居民评 A 城为"优秀"，B 城为"一般"，C 城和 D 城都是"及格"。其他城市的居民也作出自己的判断。最后只有 D 城获得"良好"，其他城市都是"一般"。因为 D 城人口占 20%，自然有 20% 的人将其评

为"优秀"，而 B 城和 C 城的人会把 D 城评为"良好"，又占到 45%，
结果就是有 50% 以上的人给予 D 城"良好"及以上评级。

表 17.2 多数评级制

城市	A 城人评级 （人口 3500）	B 城人评级 （人口 2400）	C 城人评级 （人口 2100）	D 城人评级 （人口 2000）	多数评级
A	优秀	一般	及格	及格	一般 −
B	一般	优秀	一般	良好	一般 +
C	及格	一般	优秀	良好	一般 +
D	及格	良好	良好	优秀	良好 −

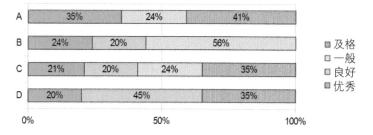

如采用多数评级制，最终 D 城胜出，因为有多于 50% 的人给出了"良好"及以上的
评级。50% 以上的人给予其他 3 座城"一般"及以上的评级，按评级更高和更低者孰
多作区分。例如，A 城的多数评级为"一般"，但评级更低者（41%）多于评级更高
者（35%），就以减号（−）表示。B 城和 C 城评级更高者多于评级更低者，就以加号
（+）表示。

在此方法中，就算再多一个候选者，也不影响其他候选者的相对
优劣，符合阿罗提出的独立原则，但又不是独裁。然而世事无完美，
此方法较难执行，其优点明显，但过程令人费解，比起多数当选制，
需要耗费更大的人力和物力。

选举方法如此多，最终选哪种制度恰恰说明"选举"完全是出于

政治目的。多数当选制要求候选人得到大多数人的青睐，所以候选人想胜出就要多结盟，尤其有好几轮选举的时候。这经常导致两大党派轮流坐庄，而把小党派排挤在外。孔多塞法可以选出毫无争议的胜者，多数评级法能体现大多数人的喜好，候选者改变也不会影响。如何投票选出最佳选举制度呢？这也是个问题。

* * *

"亲爱的同胞们，我决定修宪，改变国家元首选举制度。我庄严请求人民来决定采取何种方式最妥当。认为一轮多数当选制最佳，请参加 5 月 19 日的公投。觉得两轮多数当选制更好，请参加 5 月 19 日及 26 日的公投。如希望采用波达法，请给它打 4 分。如果倾向多数评级法，请评其为'优秀'。"

18

走出迷宫

在宜家：

"你妈过生日就送这个食物料理机好了，希望她会喜欢。我们都转了两个半小时了……"

"咦，那桌子旁边，那衣橱，我们刚路过啊。我们……迷路了！"

* * *

你安心地走在大街上，准备去街角的报亭买本最新的数独杂志，结果被黑社会绑架了！几小时后，你在陌生的地方醒来……很快你发现，这是个巨大的方形迷宫！超人在度假，蝙蝠侠正忙着和企鹅人战斗，要走出这阴森的迷宫只有靠自己了。

你面前有 3 条路，怎么选？

- 选择向前，转到1。
- 选择向左，转到4。
- 选择向右，转到6。

1. 向前走

面前有 3 条路。

- 向前走，转到1。
- 向左走，转到4。
- 向右走，转到6。

2. 向前走

你意识到，瞎走一通是不行的。怎么办？

- 继续坚持，随机再选一条路，转到3。
- 你觉得要好好想想，使用更好的算法，转到5。

3. 老鼠瞎走法

这是走出迷宫最简单的方法：在每个路口随机选择路线，比如，靠掷骰子决定。按此方法，在时间的尽头到来之前，有 100% 的概率走出迷宫！但找到出口所用的时间可能极为漫长。怎么办？

- 使用老鼠瞎走法，转到15。
- 寻找其他方法，转到5。

4. 向左走

面前有 2 条路。

- 向前走，转到2。
- 向右走，转到6。

5. 右手触墙法

你也许曾听说过有一种方法可以走出迷宫，叫作"右手触墙法"：边走边以右手触墙，右手在任何时候都不离开墙面，这样便能找到出口（图 18.1）。用此方法，在合理时间内必能走出迷宫，但也许要把迷宫走遍。怎么办？

- 使用"右手触墙法"，转到11。
- 寻找其他方法，转到7。

图 18.1 "右手触墙法"示意图

起点在左上方，一直沿着右边的墙或左边的墙走，只要手不离开墙面，就能走到出口。

6. 向右走

面前有 2 条路。

- 向前走，转到1。
- 向右走，转到6。

7. 普莱奇法

"右手触墙法"的最大缺点是，在不完美迷宫中不管用（参见 "11. 右手触墙法（续）"）。此时要用普莱奇（Pledge）法，据说由 12 岁的英国男孩约翰·普莱奇发明。

其基本原则和"右手触墙法"一样，也是要摸着墙走。不同的是，在某些情况下，手要离开墙面。实际使用时，走迷宫的人在心中从 0 开始计数。先向前走，直到碰壁，此时计数加 1，左转并开始使用 "右手触墙法"。每次向左加 1，向右减 1。如果计数归零，则可以放开墙壁，径直前行，直到碰壁（图 18.2）。严格按这一方法，就不会困于迷宫的孤立中间岛。如果刚开始往南，计数归零时也都往南。如果遇到中间岛，开始转圈，肯定在某时会往南，此时就可以放开墙面，摆脱中间岛。

这种方法只能用于平面正交迷宫，即所有转角皆为直角。当然，方法改进之后也可用于其他迷宫，不加 1 或减 1，而是加上或减去转过的角度。但这很难通过心算完成，不实用……怎么办？

- 使用普莱奇方法，转到14。
- 寻找其他方法，转到8。

图 18.2　普莱奇法示意图

从橙色点出发（计数为 0），往南走。碰壁之后左转，计数加 1，开始使用"右手触墙法"。
左转加 1（绿色），右转减 1（红色），如计数归零，手可离开墙面（蓝色路线）。

8. 特雷莫法

你不喜欢普莱奇法？可以理解，这种方法太机械了，根本就是给机器人用的。各种摸墙走的方法暂且不说了，我们看看按路线走的方法。最主要一种是特雷莫（Trémaux）法，得名自法国数学家查理·皮埃尔·特雷莫。此法必能找到出口，但需要投入小小的劳动——标记路线。

你有粉笔吗？请掷骰子。

- 点数1和2，转到10。
- 点数3和4，转到16。
- 点数5和6或更多，转到13。

9. 宝藏

恭喜你找到宝藏了！现在你有用不完的钱！你赢了！

10. 特雷莫法之"回头路"

你的左裤兜里刚好有支粉笔，可以用特雷莫法。用粉笔标记走过的路线。遇路口时，在没有走过的路线中随意选择一条路。如果走入死胡同，就转身走回上一路口。如果走到某路口，但所有路线都已走过，就折返。如果某一路口的所有路线都走不通，就回到上一个路口（图 18.3）。

图 18.3　特雷莫法示意图

橙色圈为起点，终点是地窖。第一路口向右转，然后向左转，第二路口径直走。结果回到已走过的路，要折返。

此方法其实最直观，就是把所有的路都走一遍，除了折返不重复。如果回到起点，说明已走遍迷宫所有路线，没有出口……特雷莫法并不保证路线最短。怎么办？

- 使用特雷莫法，转到12。
- 彻底放弃所有希望，捶胸顿足，转到16。

11. 右手触墙法（续）

意外的是，你所在的迷宫不幸是一个"不完美"迷宫，一些墙不与其他部分相连，形成所谓的"中间岛"。盲目坚持"右手触墙法"，就可能绕中间岛打转（图18.4）。

图18.4　在不完美迷宫中使用"右手触墙法"

玩家在迷宫内开始走，而非像之前那样由外部进入迷宫。如果一直沿墙走（不管左边墙或右边墙），总会绕回起点，一直转圈，无法到达出口。

事实上，"右手触墙法"只适于以下两种情况。

- 迷宫为平面型（无楼层）且"完美"，即出入口之间只有1条路相连。此时用"右手触墙法"会走遍整个迷宫。
- 迷宫为平面型，出入口都有门与外界相连——大部分迷宫如此。一进入迷宫必须马上使用"右手触墙法"，否则会在中间岛上打转。

你在"不完美"迷宫里使用了"右手触墙法"，结果无穷无尽地绕圈，直到筋疲力尽……转到 13。

12. 胜利！

好主意！使用此方法，你终于找到了迷宫的出口！你自由了！

更深入地研究就会发现，走出迷宫的方法有十几种，各有特色。有些对记忆力的要求太高，不适用于人类；有些置身迷宫内可用；有些需要迷宫的平面图；有些只在出入口是与外界连通的门时才管用；有些只能用于平面迷宫；有些在三维迷宫中也管用；有些可以找出最快路线；有些能找出所有路线……

总之，你打败了黑社会老大的邪恶计划。恭喜！

13. 游戏结束

现在你死了。黑社会老大获胜，你输了。抱歉。
回到 1 重新开始。

14. 普莱奇法（续）

情况有变！出口不是通往外界的一道门，而是一个地下空间的入口，那里通向自由。此时采用普莱奇法无法找到出口，只会永远在迷宫中转圈（图18.5）！

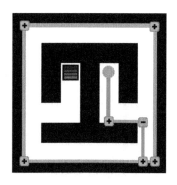

图18.5 出口是迷宫中间岛上一处地下入口，此时若使用普莱奇法：触到外墙时，
会一直沿墙转圈，无法找到出口

你一直沿墙走，永远找不到出口，最后筋疲力尽。其实采用"老鼠瞎走法"或"右手触墙法"都可以走出去。转到13。

15. 老鼠瞎走法（续）

你继续随机选择路线。迷宫出乎意料得大。在实际情况中，如果迷宫很大，"老鼠瞎走法"不实用，只会让你力竭而亡。转到13。

16. 填色法

　　无巧不成书，你急得一跺脚，谁料把迷宫地图给跺了出来，旁边还有支笔。二话不说，开始用填色法吧！

　　规则很简单，把死胡同都填起来。如出现新的死胡同，一样填起来。另外还可以标出环路，即从某路口开始又回同一路口的路（图 18.6 ）。

图 18.6　填色法示意图

橙色为死胡同，红色为环路，最后剩下的路线简单明了。如果需要，还可再使用其他方法，如特雷莫法。

在完美型迷宫中，填色法可找出起点和终点之间的唯一路线。怎么办？

- 使用填色法，转到12。
- 拒绝，转到13。

* * *

"终于走到收银台了！非要用什么触墙法，结果转来转去走了 5 个半小时。又要用特雷莫法，结果把商场里的角落都走遍了。但不管怎样终于到了！而且省了不少钱，谁能想到角落里的写字台、镜子和沙发床都那么便宜……"

19

盖茨翻煎饼

"爸爸，今天晚上吃什么？"

"你猜，圆的、平的，好多数学家研究过。"

"披萨？"

"不是，甜的！"

"水果蛋糕？"

"也不是，但接近答案了……"

* * *

今天晚上吃煎饼大餐。大人和孩子一起来品尝这种法国布列塔尼地区的特色美食。我们欢乐地把面粉、牛奶、鸡蛋、糖和秘密调料（朗姆酒、干邑、啤酒、橘子花、香料、奶酪等）混合起来，然后从橱柜最深处拿出落满灰尘的饼铛，做出美味的煎饼，体会布列塔尼美食的精髓。

摆盘十分重要，忽视不得。煎饼不能随便摆，要从大到小有规律地摆好。许多数学家都研究过这一问题，威廉·亨利·盖茨三世就是其中之一，他就是大名鼎鼎的比尔·盖茨，微软的创始人，长期占据全球首富之位。所以别小看翻煎饼的学问！

图 19.1　法式薄煎饼（© David Monniaux. CC BY-SA 3.0.）

巧翻煎饼

信息论专家发明了许多数据排序法，各有所长，有"冒泡"法（图 19.2）、"插入"法、"快速"法、"归并"法、"傻瓜"法，甚至"意面"法。但整理煎饼堆时这些方法不大适用，因为煎饼无法对调，只能翻转！

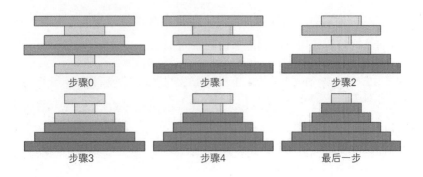

图 19.2　把一堆煎饼摆整齐有许多方法，最简单的就是"冒泡"排序法

找出位置错误的最大煎饼（绿色），挪到最下面，继续这一动作直至摆好整堆煎饼。以此方法，把 N 块煎饼摆整齐最多只需 N 次动作。

煎饼问题可以表述如下：你是著名煎饼店的送餐员，但贵店大厨有个缺点，做出的煎饼大小不一，而且就按做出的顺序把煎饼叠放在一起。送餐之前，你得把煎饼由大到小摆整齐。你只有一把锅铲，只能伸到煎饼之间然后整体反转锅铲以上的部分——这是你唯一能做的动作（图 19.3）。若翻转次数记为 $C(N)$，要整理好 N 张煎饼，最多要翻转几次呢？

图 19.3　这一摞有 6 张煎饼。如果只用锅铲翻转，要如何整理好?

1975 年，一个名为哈里·杜威特（Harry Dweighter）的人在《美国数学月刊》上提出了这一问题。这其实是雅各布·伊莱·古德曼的化名，意为"苦恼的服务员"（harry weighter）。古德曼大概是怕大家以为他这个数学家尽研究些无聊的问题，才用了化名。他看到妻子整理毛巾而受到启发，想到此问题。出于数学家典型的偏执，古德曼想把毛巾从大到小整理好，但又没有多余的地方另摆一摆。他绞尽脑汁，终于想出怎么通过连续翻转来整理。在他看来，这和摆煎饼就是一回事。

N 值很大时，还没有方法计算 $C(N)$，此问题尚待解答。但对于 N 值较小的情况，可以通过列举所有可能，得到答案。如果只有 1 块煎饼，无需翻转，所以 $C(1) = 0$；有 2 块煎饼时，有 2 种可能，分别需要 0 次和 1 次翻转，所以 $C(2) = 1$；有 3 块煎饼时，有 6 种可能，其中一种至少翻 3 次才能整理好，所以 $C(3) = 3$（图 19.4）。如有更多煎饼，组合会大大增加，不可能再靠人工计算，可以借助计算机。但是，需要计算的情况增加迅速，最强劲的计算机也力不能及。目前已知的最大值是 $C(17) = 19$。为了计算出这一值，要分析百万亿种堆放方式。

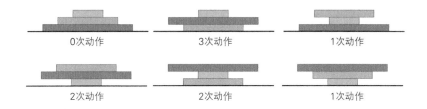

图 19.4　3 块煎饼有 6 种堆放方式，可能至少需要 0、1、2、3 次翻转才能整理好。最大值为 3，所以 $C(3)=3$

1979 年，比尔·盖茨和希腊信息学家赫里斯托斯·H·帕帕季米特里乌共同研究了翻煎饼问题，该问题才广为人知。比尔·盖茨在《离散数学报》上发表了一个巧妙的算法，证明最大翻转次数总在 $17N/16$ 和 $(5N + 5)/3$ 之间。这是他在发明视窗系统之前写过的唯一一篇论文。如果他去研究煎饼学，也应当是前途无量。

开工啦！

现在动手整理煎饼，虽然最终煎饼都是要被吃掉的。幸好有个非常简单的方法，所需翻转次数不超过 2N。其原理和"冒泡"排序法一样——把每块煎饼按从大到小的顺序放在该放的位置上。

操作很简单，先找出位置错误的最大煎饼，插入锅铲，然后翻转第一次，位置错误的最大煎饼就到了最上面。再把锅铲放在位置正确的最上一块煎饼之上，第二次翻转，顶上那块煎饼就归位了（图19.5）。

每块煎饼需要 2 次动作才能归位，总体最多需 2N 次动作。更准确地说，最小两块在最糟的情况下也只需翻转 1 次，而不是 4 次，所以总体最多需要 2N – 3 次翻转。

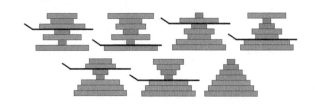

图 19.5 在一摞 7 块煎饼中使用此简单方法，经过 6 次翻转就可整理好。能否只用 5 次翻转就整理好呢？

但是，有更快的方法。上述方法是把煎饼一块块地放到底部，盖茨的方法则是在一摞中找出已排好的几块。他和帕帕季米特里乌称之为"区块"（其中的煎饼已经按升序或降序排好），不属于任何区块的煎饼称为"自由"煎饼。

盖茨的方法是一步步增加区块中的煎饼数量，直到所有煎饼形成一个区块。具体做法是以尽量少的动作让最顶上的那块煎饼接近某一区块。实际情况有很多种，最顶上的那块煎饼可能是自由的，也可能属于某一区块（图 19.6）。

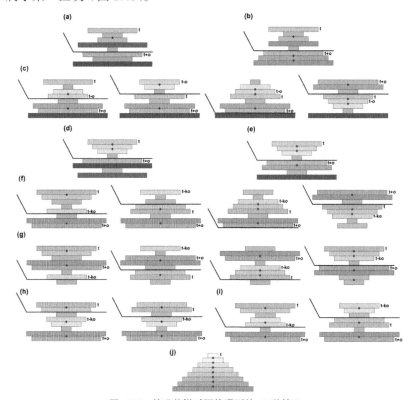

图 19.6　整理煎饼时可能遇到的 10 种情况

最顶上的煎饼记为 t，按大小顺序排列，比它大一号和比它小一号的煎饼分别记为 t+o 和 t-o。如果 t 属于某区块，该块最底下的煎饼称为 t-ko，于是有且仅有 10 种可能：(a) t 和 t+o 都自由，用 1 次动作形成一个新区块；(b) t 自由，t+o 位于某区块顶部，用 1 次动作增大区块；(c) t 自由，t+o 和 t-o 均在区块底部，用 4 次动作将区块合并；(d) 和 (e) t 在区块顶部，t+o 自由或在区块顶部，用 1 次动作增大区块；(f) 和 (g) t 在区块顶部，t+o 在区块底部且 t-ko 自由，用 4 次动作将所有区块合并；(h) 和 (i) t 在区块顶部，t+o 在区块底部，t-ko 在区块顶部或底部，用 2 次动作将 3 个区块中的 2 个合并；(j) 已经整理好。

对于每种情况都有一系列相应的动作，增大区块，直到变为图19.6中的(j)（图19.7）。仔细分析可得出，最多只需$(5N+5)/3$次操作。

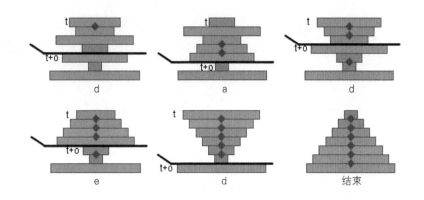

图 19.7　盖茨方法的具体应用

只需5次动作就可把7块煎饼整理好（这里只体现出上述a、d、e三种情况）。

直到2009年，一支美国研究团队才优化了盖茨和帕帕季米特里乌的算法，N块煎饼最多只需$18N/11$次动作就能整理好。2015年，此问题有了新进展，法国南特的某支研究团队证明这就是一个"困难NP问题"——它属于信息学上的一类问题，当N值变大时，难以快速解决。

不止是比尔·盖茨的参与证明了摆煎饼问题值得探究。动画片《辛普森一家》的常驻编剧和《飞出个未来》（*Futurama*）的联合创作人[①]戴维·X.科恩在成为编剧之前也曾研究过煎饼问题的一个变种：每个煎饼都有一面被烧焦，整理之后不能看到焦面。

下次往煎饼上涂枫糖糖浆时，可别忘记，有人靠着煎饼成了亿万富翁！好好想想吧。

***

"爸爸，我把煎饼都整理好了！"

"很好，你可以回去接着开发革命性操作系统了。20分钟之后开饭！"

---

① 《辛普森一家》中经常出现科学主题。但《飞出个未来》中的科学话题更多，包含许多影射物理、数学、信息科学的内容，如 $\sqrt{66}$ 号公路、纽约第 π 大道、放映厅无限多的电影院，等等。戴维 X·科恩毕业于哈佛大学物理专业和伯克利大学信息科学专业。除了他，《飞出个未来》的编剧人员还有哈佛大学应用数学系毕业的肯·基勒、普林斯顿大学信息科学系毕业的杰夫·韦斯特布鲁克。

20

小便器优选法

"你都喝了三杯啤酒了，就不想……"

"做数学？"

* * *

数学家喜欢研究十分重要的问题，比如非局部扩散算子第一特征值的上下界。数学家也会研究十分困难的问题，比如有限谱算子舒尔－霍恩定理。但如果厌倦了这些抽象又困难的领域，他们也会研究一些无关紧要的问题。

加拿大卡尔顿大学的信息科学家埃万耶洛斯·克拉纳基斯和美国卫斯理大学的数学家丹尼·克里赞克便是如此。2010 年，他们共同署名发表了关于随机共线传感器最大干扰的文章。之后，二人决定放松一下，研究一个不那么棘手的问题：如厕时怎么选择小便池。

两位学者以最严肃的科研精神，发挥聪明才智写成一篇 12 页的论文，题为《小便器问题》(The Urinal Problem)。问题如下：有一排小便器，如果如厕者不想被打扰，选哪一个最好？高德纳曾用组合法计算过斯坦福大学信息科学系应该多久换一次厕纸。两人看到高德纳的研究结果后十分开心，这才有了"小便器优选法"的研究。

图20.1　21个小便器，1个最佳选择……选哪个?（© Norbert Nagel. CC BY-SA 3.0.）

　　重要问题要说得具体。酒吧气氛正浓，你已喝了3杯啤酒，膀胱告急。酒吧的厕所特别大，而且神奇的是一个人都没有。这是个典型的男厕所，方形屋子，进去后左边是一排 N 个小便器，右边是隔间和洗手池。你[①]是第一个内急来上厕所的人，但门外已有一群啤酒爱好者在吵吵嚷嚷。不巧的是，隔间的门刚刷过漆，现在用不了。既然是来方便嘛，就要尽量"方便"，也就是说，最好不要有人站旁边。假设小便器都一样干净，任君选择，选哪个才能酣畅淋漓呢?

　　直觉上，离门最远的小便器应该最好。如果下一个进来的"猛男"也只想安静地撒泡尿，他也会选个离你比较远的小便器，二人相安无

[①]　下文中的"你"指站着小便的人。如果不符合你的情况，可默默将"小便器"替换成"椅子"，将"厕所"替换成"候诊室"。问题实质不变，只是没那么好笑。

事地尿完。但解答还得靠数学建模！一切都看后来者怎么选。模型有许多，但总原则不变——大家都想旁边没人。因此，除非不得已，不会有人挨着别人站。如果必须挨着，此时厕所即"饱和"。不"饱和"时，至少应该有 1 个小便器，两边都没人，即为"孤立"；如果仅一边有人，称为"半孤立"。因为你第一个进来，你的选择至关重要：要尽量扩大饱和所需的人数！

模型一：人性本懒

根据来此宝地后的选择，可以有好几种数学模型，第一种是"懒人模型"。位置总数很重要，假设进来的人自动选择离门最近的孤立小便器，在此假设下，可有两种情况：一种是小便器总数 N 为偶数，此时，饱和状态即 1/2 的小便器被占用。而此时不管你怎么选择小便器（位于奇数位或偶数位），饱和所需人数不受影响（图 20.2）。如果小便器总数 N 为奇数，那么你应该选奇数位的小便器，$(N + 1)/2$ 个小便器被占用时，厕所才会饱和，而不是 $(N - 1)/2$。

就算厕所饱和了，人不能给尿憋死。这时又该怎么办？克拉纳基斯和克里赞克在文中设想了两种情景。

第一种，新来的人依旧遵守懒人原则，即使小便器非孤立，依旧就近选择。这时，你选择离门越远的位置越好。假设新来的人会优先选择半孤立小便器，结论也一样。实际上，如果你左手边的两个位置都没人，按照懒人模型，后来者更爱选择更靠左的那个便池。注意，此时你不应该选倒数第二个位置，因为饱和时，你右边的位置半孤立，很容易有人选。

第二种更有可能发生，在没有孤立位置之后，新来的人随机选择，剩下的位置被选中的概率均等。此时你应该选择两端的位置，因为仅一边有人，感觉稍微好一点吧。

　　总之，离门越远越好。

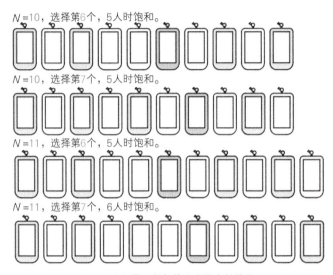

图 20.2　小便器总数与饱和所需人数的关系

N 为偶数时，你可以随意选择，饱和所需人数一样。比如，$N = 10$ 时，不管选择第 6 个或第 7 个（蓝紫色），都要再有 4 人（粉红色）才饱和。另外要注意的是，如果选择第 6 个，则第 4 个和第 5 个半孤立，第 6 人进来应会选择二者之一。N 为奇数时，应选奇数位小便器。比如一共有 11 个位置时，假如选择第 7 个的话，则还可容纳 5 人，选择第 6 个，就只能再容纳 4 人。

　　让我们用方程总结一下。设第一人走进厕所时为 $t = 1$，之后依次为 $t = 2, 3, 4$，等等。如果 N 为偶数，则 $t = N/2$ 时饱和；如果 N 为奇数，若第一人选择了奇数位，则 $t = (N + 1)/2$ 时饱和，若第一人选择偶数位，则 $t = (N - 1)/2$ 时饱和。

　　厕所饱和之后，新来的人随机选择。如果你选了两端的位置，旁边来人的平均加数[①]为 $(N+2)/4$（其中 N 为偶数），或者 $(N+1)/4$（其中 N 为奇数）。

如果你开始选择了其他位置，则旁边来人的平均加数为 $(N+2)/6$（图 20.3）。

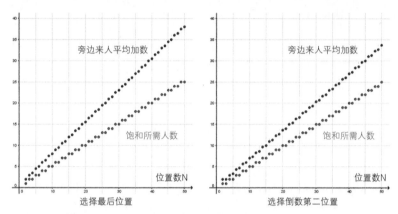

图 20.3 计算结果很清楚，不管总共有多少位置，离门越远的位置，旁边越不易有人

模型二：人性本羞

按照第一种模型，就算厕所很大，人也会聚在一起，不符合实情。我们修改一下基本假设：人性虽懒，但现代人要体面。在此模型中，新来的人不会选择最近的孤立位，而是选择离别人最远的孤立位。如果好几个位置都符合条件，那么懒惰本性再度发挥作用——选择这几个位置中离门最近的。

[①] 这一平均加数符合负超几何分布。可以证明，此分布的预期值为 $(n+1)(a+1)$，其中 n 表示剩余的位置，在不同情况下分别为 $N/2$、$(N+1)/2$ 或 $(N-1)/2$，而 a 表示相邻位置的数量，对于两端的位置 $a=1$，对于其他位置 $a=2$。

这与第一种模型非常不同。饱和所需人数不仅取决于位置总数，还与你这第一人的选择有关。令人吃惊的是，最远的位置这次不一定最好（图 20.4）。

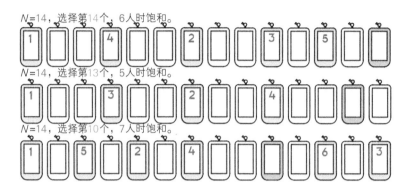

图 20.4 共有 14 个位置，使用害羞模型

如果第一人选择最后的位置，再来 5 人饱和。如果他选择第 10 个位置，则再来 6 人才饱和，可记为 $A(14, 14) = 6$，$A(14, 13) = 5$，$A(14, 10)=7$。

下面来看看，如何根据位置总数 N 确定最好的位置。当 N 值较小时，很容易得出选择位置 j 的饱和人数，记为 $A(N, j)$。比如 $N = 2$ 时，1 人即饱和，于是 $A(2, 1) = A(2, 2) = 1$。当总共有 3 个位置时，选择两端的位置则还可容纳 1 人，于是 $A(3, 1) = A(3, 3) = 2$。但选择中间位置则直接饱和，于是 $A(3, 2) = 1$。

如果 N 值较大，就要用公式来简化计算。假设你（$t = 1$）选择了最后位置，第二人（$t = 2$）则会选择第一位置，第三人（$t = 3$）要在两端已被占的情况下选择一个位置。记 $B(N)$ 为两端已被占时饱和所需人数，于是有 $A(N, N) = 2 + B(N)$，对称地有，$A(N, 1) = 2 + B(N)$。

如果一开始第一人选择倒数第二位置呢？此时第二人依然会选择

第一位置，而且后来者谁都不会选择最后位置，这时可视为共有 $N-1$ 个位置，且两端位置已被占。从第三人开始，要达到饱和所需人数为 $B(N-1)$，于是有 $A(N, N-1) = 2 + B(N-1)$，同样对称地有，$A(N, 2) = 2 + B(N-1)$。

如果你这第一人不选择两端的第一个位置、第二个位置、最后位置（N）或倒数第二位置（$N-1$）呢？此时，你左右都有足够多位置，后来者可以尽量靠近门，也可以尽量远离门。第 3 人进来后，以你的位置分成两部分，左边从位置 1 到位置 j（你的位置），共有 j 个位置，右边从位置 j 到位置 N，共 $N-j+1$ 个位置。两部分互相独立，都可视为两端已被占的一组。左边可再有 $B(j)$ 个人，右边可再有 $B(N-j+1)$ 个人。总之，如果第一人选择 j 位置，则 N 个位置可让 $A(N, j) = 3 + B(j) + B(N-j+1)$ 个人安心解决内急问题。

现在，只要算出 $B(N)$ 即可，也就是说，总共有 N 个位置且两端已被占时，达到饱和所需人数。$N \leq 4$ 时，两端被占即饱和，此时 $B(N) = 0$。$N > 4$ 时，第一人可以选中间位置，即位置 $(N+1)/2$（N 为奇数）或 $N/2$（N 为偶数）。如上文所述，3 人形成新的分区：左边从第一个位置到中间，还可再有 $B((N+1)/2)$ 或 $B(N/2)$ 人（根据 N 为奇数或偶数）；右边从中间到最后位置，还可再有 $B((N+1)/2)$ 或 $B(N/2+1)$ 人（根据 N 为奇数或偶数）。

$$A(N, j) = \begin{cases} 1 + B(N) & \text{若 } j = 1, N \\ 2 + B(N-1) & \text{若 } j = 2, N-1 \\ 3 + B(j) + B(N-j+1) & \text{其余} \end{cases}$$

最终：

$$B(N,\ j)=\begin{cases}1+B(N) & \text{若 } j=1,\ N \\ 2+B(N-1) & \text{若 } j=2,\ N-1 \\ 3+B(j)+B(N-j+1) & \text{其余}\end{cases}$$

其中：

$$B(N)=\begin{cases}0 & \text{若 } N\leqslant 4 \\ 1+B\left(\dfrac{N+1}{2}\right)+B\left(\dfrac{N+1}{2}\right) & \text{若 } N \text{为奇数} \\ 1+B\left(\dfrac{N}{2}\right)+B\left(\dfrac{N}{2}+1\right) & \text{若 } N \text{为偶数}\end{cases}$$

函数 A 和 B 都以递归形式定义，不到一杯啤酒的时间就能在手机上编个小程序算出来。函数 B 可简化为单一表达式（包含一堆对数和各种因式），但至今无法直接算出令 $A(N,j)$ 最大的 j 值。对于给定的 N 值，可算出所有 j 值对应的 $A(N,j)$，由此可以看出，最后位置并不总是最好的选择（表 20.1），并且便池利用率最高可达 50%（一半便池被占用），而最低只有 33%（图 20.5）。

表 20.1　根据便池总数不同，可算出好位置和坏位置

总数 N	好位置（j_{cool}）	饱和所需人数 (N, j_{cool})	坏位置（j_{null}）	饱和所需人数 (N, j_{null})
4	1, 2, 3, 4	2	1, 2, 3, 4	2
5	1, 3, 5	3	2, 4	2
6	1, 2, 3, 4, 5, 6	3	1, 2, 3, 4, 5, 6	3
7	3, 5	4	1, 2, 4, 6, 7	3
8	1, 3, 4, 5, 6, 8	4	2, 7	3
9	1, 5, 9	5	2, 3, 4, 6, 7, 8	4
10	1, 2, 3, 5, 6, 8, 9, 10	5	4, 7	4
11	3, 9	6	1, 2, 4, 5, 6, 7, 8, 10, 11	5
12	3, 4, 5, 8, 9, 10	6	1, 2, 6, 7, 11, 12	5
13	5, 9	7	1, 2, 12, 13	5
14	5, 6, 9, 10	7	2, 13	5
15	1, 5, 6, 7, 8, 9, 10, 11, 15	7	2, 3, 4, 12, 13, 14	6
16	1, 8, 9, 16	8	4, 13	6

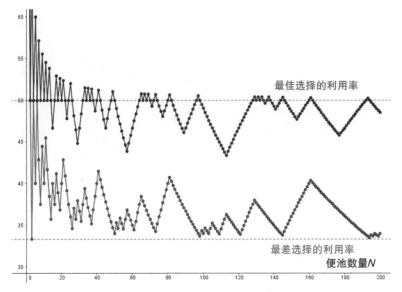

图 20.5 害羞模型产生的结果比较难理解

简单地说, 便池利用率在 33% 到 50% 之间, 但具体是多少, 占用哪个位置会导致此利用率, 都很难说。

　　两位大胆的数学家没有就此打住, 他们还研究了 "醉鬼模型", 即随机选择孤立位的模型。此模型中依然是离门越远越好。人们得到答案的同时, 还能提出更多疑问, 这才是好的数学题。如果部分位置已被占, 选择哪个位置才好? 方便的时间不会无限长, 厕所里肯定是人来人往, 这会不会改变最佳位置? 如果不是隔开的小便器, 而是沿着墙脚的小便池呢? 下次泡酒吧的时候再慢慢想吧。

＊ ＊ ＊

"所以说，如果我选倒数第二个位置，旁边就不会很快来人，对吧？"

"这得看你什么时候去上厕所。现在都快夜里 2 点了，适用醉鬼模型而不是害羞模型。我只能跟你说，现在去方便，肯定不方便！"

参考文献

02 照（不）亮你的家

R. Guy, V. Klee, Monthly research problem, *The American Mathematical Monthly*, n° 78, 1971.

L. Penrose, R. Penrose, Puzzles for Christmas, *The New Scientist* n° 110, décembre 1958.

George W. Tokarsky, Polygonal Rooms Not Illuminable from Every Point, *The American Mathematical Monthly*, vol. 102, n° 10, décembre 1995.

03 瓷砖铺法知多少

Ivan Niven, Convex Polygons that Cannot Tile the Plane, *The American Mathematical Monthly*, vol. 85, n° 10, décembre 1978.

B. Grünbaum et G. Shephard, *Tilings and Patterns*, W. H. Freeman, 1987.

C. Mann, J. McLoud-Mann, D. Von Derau, Convex pentagons that admit i-block transitive tilings, arXiv:1510.01186 [math.MG], 2015.

04 青梅竹马分披萨

L. J. Upton, Problem 660, *Mathematics Magazine*, vol. 40, n° 3, mai 1967.

L. Carter, S. Wagon, Proof without Words: Fair Allocation of a Pizza, *Mathematics Magazine*, vol. 67, octobre 1994.

R. Mabry, P. Deiermann, Of Cheese and Crust: A Proof of the Pizza Conjecture and Other Tasty Results, *American Mathematical Monthly*, vol. 116, n °3, mai 2009.

05 如何平分有菠萝、奇异果和樱桃的蛋糕

S. Brams, A. Taylor, An Envy-Free Cake Division Protocol, *American Mathematical Monthly*, vol. 102, n° 1, janvier 1995.

S. Brams, M. Jones, C. Klamler, Better ways to cut a cake, *Notices of the AMS*, vol. 53, N °11, décembre 2006.

06 创意桌上游戏

M. Bourrigan, Dobble et la géométrie finie, *Images des Mathématiques*, CNRS, 2014, http://images.math.cnrs.fr/Dobble-et-la-geometrie-finie.html.

07 挂不上墙的神作

E. Demaine, M. Demaine, Y. Minsky, J. Mitchell, R. Rivest, M. Patrascu, Picture-Hanging Puzzles, arXiv: 1203.3602 [cs.DS], 2014.

08 和 09 认识地球和宇宙的形状

C. Adams, J. Shapiro, The Shape of the Universe: Ten Possibilities, *American Scientist*, vol. 89, septembre 2001.

J.-P. Luminet, *L'Univers chiffonné*, Gallimard, 2005.

10 教你数数

J. Conway & R. Guy, *The Book of Numbers*, Copernicus, 1996.

11 争霸法国网球公开赛

I. Stewart, L'algèbre du tennis, *Pour la science,* n° 127, mai 1988.

12 你究竟有几个冷笑话

P. Gambette, Estimation du nombre de papillottes et de blagues Carambar, amuse-bouche du SéminDoc, Montpellier, 2009.

13 玩转《地产大亨》

S. Ferenczi, R. Jaudun, B. Mossé, Rendez-vous avenue Henri-Martin ou comment gagner au Monopoly grace aux chaînes de Markov, 2006, http://iml.univ-mrs.fr/~ferenczi/monopoly.pdf.

14 如何选秘书

T. Ferguson, Who Solved the Secretary Problem?, *Statistical Science*, vol. 4, n°3, août 1989.

15 山无陵，天地合，乃敢与君绝

D. Gale, L. Shapley, College Admissions and the Stability of Marriage, *The American Mathematical Monthly*, vol. 69, n° 1, janvier 1962.

16 议会席位怎么分？

M. Balinski, H. Young, *Fair Representation: Meeting the Ideal of One Man*, *One Vote*, Brookings Institution, 1982.

L. Bowen, *Introduction to Contemporary Mathematics*, 2001, http://www.ctl.ua.edu/math103.

17 如何选总统？

K. Arrow, *Social Choice and Individual Values*, John Wiley & Sons, Inc., 1951.

M. Balinski, R. Laraki, *Majority Judgment: Measuring, Ranking, and*

Electing, MIT Press, 2010.

18 走出迷宫

E. Lucas, *Récréations mathématiques*, A. Blanchard, 1891, http://gallica.bnf.fr/ark:/12148/bpt6k3943s.

W. Pullen, Think Labyrinth!, http://www.astrolog.org/labyrnth.htm.

19 盖茨翻煎饼

L. Bulteau, G. Fertin, I. Rusu, Pancake Flipping is hard, *Journal of Computer and System Sciences*, vol. 81, n° 8, décembre 2015.

D. Cohen, M. Blum, On the problem of sorting burnt pancakes, *Discrete Applied Mathematics*, vol. 61, n° 2, juillet 1995.

W. Gates, C. Papadimitriou, Bounds for sorting by prefix reversal, *Discrete Mathematics*, vol. 27, n° 1, 1979.

20 小便器优选法

E. Kranakis, D. Krizanc, The Urinal Problem, *in Fun with Algorithms*, Springer, 2010.